AF453517

MANUEL ÉLÉMENTAIRE

DE

TÉLÉGRAPHIE

PUBLIÉ AVEC L'AUTORISATION

de M. le vicomte H. de VOUGY

Directeur général des lignes télégraphiques

PAR E. CUCHE

METZ

TYPOGRAPHIE GANGEL ET P. DIDION

1867

MANUEL ÉLÉMENTAIRE

DE TÉLÉGRAPHIE

MANUEL ÉLÉMENTAIRE

DE

TÉLÉGRAPHIE

PUBLIÉ AVEC L'AUTORISATION

de M. le vicomte H. de VOUGY

Directeur général des lignes télégraphiques

PAR E. CUCHE

METZ

TYPOGRAPHIE GANGEL ET P. DIDION

1867

PREMIÈRE PARTIE.

Notions élémentaires sur l'électricité et le magnétisme.

1. *Électricité.* — Quand on frotte une tige de verre, un bâton de résine ou de cire à cacheter, avec une étoffe de laine ou de soie, ces substances acquièrent la propriété d'attirer les corps légers, tels que de petits morceaux de papiers, des barbes de plumes, etc. On donne à la cause de cet effet singulier le nom d'*électricité*.

Lorsqu'un corps, c'est-à-dire un objet matériel quelconque, a acquis cette puissance attractive, on dit qu'il est électrisé.

2. *Certains caractères d'un corps électrisé.* — Si on approche de son visage un corps électrisé, on éprouve une sensation semblable à celle que produirait le contact d'une toile d'araignée ; si on le touche avec le doigt on entend un petit pétillement, et si on est dans l'obscurité,

on distingue une étincelle lumineuse qui s'élance du corps électrisé sur le doigt qu'on lui présente. Ces effets augmentent d'intensité avec la surface du corps électrisé et l'énergie des moyens employés pour exercer le frottement.

3. *Bons ou mauvais conducteurs.* — Un corps électrisé mis en contact avec un métal, avec la main, avec de l'eau, avec la terre, etc., perd sa faculté attractive; tandis qu'il la conserve s'il est mis en contact avec du verre, de la résine, de la soie, etc.

Pour expliquer cette différence, on considère l'électricité comme un fluide très-subtil répandu sur le corps électrisé, et qui s'en échappe facilement à travers les métaux, le corps des animaux, l'eau, la terre, etc., tandis qu'il s'échappe avec peine au travers du verre, de la résine, de la soie, etc. C'est pour cette raison que les premiers corps sont dits *bons conducteurs* et les seconds *mauvais conducteurs* de l'électricité.

Le charbon bien calciné, appelé braise de boulanger, est aussi un bon conducteur; les liquides sont en général peu conducteurs.

Le soufre, la gomme laque, la gutta-percha, le caoutchouc, la porcelaine et l'air sec, sont classés dans les mauvais conducteurs.

Entre ces deux catégories de corps on remarque une foule de substances qui présentent une conductibilité médiocre, tels que : les végétaux, l'eau à l'état de vapeur et en général tous les corps humides.

4. *Isolateurs. - Électrisation des corps conducteurs.* — Lorsqu'un corps électrisé est soustrait au contact des

bons conducteurs, par exemple : suspendu par un fil de soie, ou soutenu par un support de verre, de résine ou de porcelaine, on dit qu'il est isolé et le support est appelé corps isolant, ou simplement *isolateur*.

En isolant les corps bons conducteurs on reconnait qu'ils jouissent, comme les autres, de la propriété de s'électriser.

5. *Réservoir commun.* — Quand un corps conducteur isolé a été électrisé, et qu'on le met en contact avec un autre corps conducteur isolé mais non électrisé, l'électricité se partage entre ces deux corps en raison de leurs surfaces. On conçoit alors, que plus le second est grand, moins il reste d'électricité sur le premier. Voilà pourquoi lorsque des corps conducteurs électrisés sont mis en contact avec la terre, qui est un corps conducteur dont la surface est infiniment grande, ils perdent instantanément toute leur électricité ; et c'est pour ce motif que la terre a pris le nom de *réservoir commun*.

Il est donc indispensable d'isoler les corps conducteurs que l'on veut électriser (4).

6. *Électricité positive, électricité négative.* — Si on suspend une petite boule de moelle de sureau à un support quelconque au moyen d'un fil de soie, on observe alors qu'un bâton de résine et un tube de verre électrisés attirent tous les deux la petite boule. Mais si on la touche avec le bâton de résine, qui lui cède par ce contact une partie de son électricité, ce bâton, au lieu d'attirer ensuite la boule, la repousse vivement, tandis que le tube de verre continue à l'attirer.

Si au contraire on a commencé l'expérience en touchant

d'abord la boule avec le tube de verre, c'est celui-ci qui la repousse et le bâton de résine qui continue à l'attirer.

Pour rendre compte de ces effets remarquables, on admet qu'il y a deux espèces d'électricités, et que les corps chargés de la même électricité se repoussent, tandis que les corps chargés d'électricités contraires s'attirent.

L'électricité développée sur le verre a reçu le nom d'électricité *positive*, et on la représente par le signe ($+$) plus.

L'électricité développée sur la résine a été appelée électricité *négative*, on la désigne par le signe ($-$) moins.

7. *L'électricité réside à la surface des corps.* — L'action qui a lieu entre les corps chargés de la même espèce d'électricité (6) résulte d'une force répulsive que chaque fluide exerce sur lui-même, et c'est à cause de cette force que l'électricité, au lieu de résider à l'intérieur des corps, tend au contraire à s'en échapper en se répandant sur leur surface, avec d'autant plus de facilité qu'ils sont meilleurs conducteurs.

8. *L'électricité est maintenue à la surface des corps par l'air environnant.* — Cet effet est une conséquence de la propriété isolante de l'air sec. On peut s'en convaincre en plaçant un corps électrisé dans un lieu humide, il perdra bientôt toute trace d'électricité parce que l'air environnant sera alors chargé d'humidité et par cela même conducteur (3).

9. *Lois des attractions et des répulsions électriques.* — Ces attractions et ces répulsions sont en raison inverse du carré de la distance qui sépare les corps entre lesquels

elles s'exercent ; c'est-à-dire qu'elles deviennent, par exemple, 4 fois, 9 fois, 16 fois plus grandes, etc., lorsque
la distance devient 2 fois, 3 fois, 4 fois plus petite.

10. *Électricité naturelle. - Fluide neutre.* — Pour expliquer l'attraction d'un corps électrisé sur un corps qui
ne l'est pas, on admet que chaque corps contient des
quantités égales d'électricités naturelles positive et négative qui forment par leur combinaison un *fluide neutre.*
Or, si on approche un corps chargé d'électricité positive
par exemple, il attirera la négative de son côté et re-
poussera la positive du côté opposé ; mais l'attraction
l'emportera sur la répulsion parce qu'elle s'exerce à une
moindre distance ; alors les deux électricités qui s'attirent,
ne pouvant quitter les deux corps à cause de la résistance
de l'air, forceront ces corps à marcher l'un vers l'autre ;
ou si l'un d'eux est fixe, celui qui est mobile marchera
seul.

11. *Deux corps frottés l'un contre l'autre se chargent
d'électricités contraires.* — D'après ce qui précède, il faut
admettre que, quand deux corps sont frottés l'un contre
l'autre, le frottement décompose leur fluide neutre dont
la présence ne se manifestait d'abord par aucun signe ;
l'expérience prouve en effet qu'alors, l'électricité positive
se rend sur l'un des deux corps et l'électricité négative
sur l'autre.

12. *Tension électrique. - Pouvoir des pointes.* — La
tension est l'effort du fluide électrique contre l'air pour
s'échapper d'un corps électrisé (7), elle n'est sensible que
sur les corps bons conducteurs, où elle acquiert une
puissance qui varie avec leur forme tout en restant indé-

pendante de leur surface, et de la quantité d'électricité dont ils sont chargés.

Sur une sphère métallique le fluide se développe uniformément et sa tension est partout la même.

Sur un cylindre, c'est aux extrémités que la tension a le plus de force, et vers le milieu qu'elle en a le moins.

Enfin, on remarque que sur un cône, le fluide se porte entièrement vers le sommet ou la pointe de ce cône, avec une tension assez considérable pour vaincre la résistance de l'air et s'échapper.

Un corps conducteur armé d'une pointe métallique ne pourrait donc se charger d'électricité.

Le pouvoir des pointes de décharger les corps électrisés a reçu son application dans le paratonnerre, comme nous le verrons plus loin.

13. *Communication de l'électricité à distance. - Étincelle électrique.* — Lorsqu'un corps électrisé est placé à quelque distance d'un autre corps à l'état naturel, il décompose le fluide neutre de ce corps, attire vers lui l'électricité de nom contraire à celle dont il est chargé et repousse au loin l'électricité de même nom (10). Les deux électricités contraires tendent alors à se réunir et font effort contre l'air environnant dont la résistance les sépare. En ce moment, si la distance diminue ou si la tension augmente (12), la résistance est vaincue, et les deux électricités contraires se recomposent à travers l'air en produisant une *étincelle* plus ou moins vive accompagnée d'un bruit sec (2).

14. *Électricité atmosphérique.* — L'atmosphère est dans un état électrique habituel qui n'est sensible qu'à

une certaine distance du sol. Si le temps est calme et serein, cette électricité est positive et croît avec la hauteur des couches d'air; mais si le ciel est couvert de nuages, l'électricité observée dans l'atmosphère cesse d'être constamment positive et devient quelquefois négative.

15. *Éclairs. - Tonnerre.* — Quand deux nuages sont chargés d'électricités contraires, s'ils se trouvent rapprochés suffisamment, les électricités se recomposent (15) en donnant naissance à une étincelle qui est l'*éclair*, et à un bruit que l'on appelle le *tonnerre.*

Lorsqu'on est peu éloigné de l'endroit où se produit la recomposition des fluides, le tonnerre accompagne l'éclair; dans le cas contraire, l'éclair précède le bruit du tonnerre, parce que la vitesse de la lumière est plus grande que celle du son.

16. *Chute de la foudre.* — Ce n'est que la décharge d'un nuage électrisé sur la surface de la terre; elle dégage ordinairement une forte odeur de soufre brûlé. La pluie en tombant décharge le nuage en détail et prévient souvent la chute de la foudre.

La foudre tombe d'ordinaire sur les points les plus élevés et suit de préférence les meilleurs conducteurs.

17. *Paratonnerre.* — Il se compose d'une tige métallique d'environ 7 à 8 mètres de hauteur, terminée par une pointe de platine inaltérable à l'air; l'extrémité inférieure de cette tige communique avec un conducteur métallique. — On établit un paratonnerre sur le toit d'une maison ou au sommet d'un édifice que l'on veut protéger contre la foudre, et le conducteur suit les contours

extérieurs du bâtiment pour descendre dans un puits. Si l'on n'a pas de puits à proximité, on pratique dans le sol un trou de trois à quatre mètres de profondeur, et après y avoir introduit le pied du conducteur, on entoure ce dernier de plusieurs couches de braise de boulanger (5) en remplissant le trou.

18. *Action du paratonnerre sur la foudre.* — Lorsqu'un nuage électrisé passe au-dessus d'un paratonnerre, les électricités naturelles de l'édifice qu'il protège sont décomposées (13), l'une est refoulée dans le sol ; l'autre, attirée par le nuage, s'échappe par la pointe du paratonnerre (12) et va neutraliser l'électricité du nuage. Si celui-ci conserve un excès d'électricité et se décharge malgré le paratonnerre, la foudre, qui suit les meilleurs conducteurs (16), est amenée par celui du paratonnerre dans le sol où elle se dissipe.

19. *Magnétisme.* — Le magnétisme est la propriété d'attirer le fer dont jouissent certains corps appelés *Aimants.*

20. *Aimants.* — Il existe dans quelques mines de fer une combinaison de ce métal nommée fer oxydulé, assez semblable à la rouille, et qui possède la propriété d'attirer les parcelles de fer ou d'acier placées à une petite distance. Cette espèce de fer oxydulé porte généralement le nom de pierre d'aimant, ou simplement d'*Aimant.*

21. *Pôles magnétiques.* — Lorsqu'on plonge un aimant dans la limaille de fer, elle s'y attache principalement en deux points opposés situés vers ses extrémités où paraît résider l'action magnétique. On nomme ces deux points les *pôles* de l'aimant.

22. *Ligne neutre.* — L'action des pôles diminue à mesure qu'on s'approche du milieu d'un aimant où elle devient nulle; c'est ce qui a fait donner à cette partie de l'aimant le nom de *ligne neutre.*

23. *Action directrice de la terre sur les aimants.* — Quand un aimant est suspendu librement dans une position horizontale, il prend de lui-même une certaine direction à laquelle il revient sans cesse en oscillant lorsqu'il en a été dérangé. Cette direction ne diffère pas beaucoup du méridien terrestre [1]. On remarque en outre, que c'est toujours le même pôle qui se dirige vers le nord de la terre.

24. *Actions mutuelles des pôles.* — Si on suspend deux aimants de la manière précédente, on reconnaît que ceux de leurs pôles qui se dirigent tous deux vers le nord, se repoussent quand on les met en présence. Il en est de même des deux pôles qui se tournent vers le sud ; mais si on met en présence le pôle nord de l'un des aimants avec le pôle sud de l'autre, on s'aperçoit que ces deux pôles s'attirent.

25. *Lois des attractions et des répulsions magnétiques.* — Elles sont conformes à celles relatives à l'électricité (9).

26. *Dénomination des pôles.* — Les expériences précédentes ont conduit à supposer que la terre est elle-même un aimant dont les pôles repoussent les pôles de même espèce chez les petits aimants, et attirent au contraire les pôles d'espèce différente. C'est pour cela que le pôle de l'aimant qui se tourne vers le nord de la

---

[1] Le méridien terrestre d'un point quelconque du globe, est le plan qui passe en ce point et les pôles de la terre.

terre, devrait être nommé pôle *sud*, et que celui qui se tourne vers le sud devrait recevoir le nom de pôle *nord*. Mais généralement, pour la clarté des définitions, on appelle pôle nord d'un aimant celui qui se dirige vers le nord.

27. *Aimants artificiels.* — Un aimant naturel peut, sans rien perdre de sa vertu, la communiquer à un barreau de fer ou d'acier.

Dans le premier cas, l'aimantation est facile mais elle est de courte durée, surtout si l'aimantation a lieu sur un fer doux, c'est-à-dire très-pur. — Dans le second cas, l'aimantation se produit avec plus de difficultés, mais dès qu'un barreau d'acier est aimanté il conserve ses propriétés magnétiques, et constitue un véritable *aimant artificiel*, manifestant les mêmes effets qu'un aimant naturel.

28. *Procédés d'aimantation.* — Le plus simple consiste à faire glisser, d'un bout à l'autre du barreau que l'on veut aimanter, le pôle d'un aimant puissant, et à répéter plusieurs fois les frictions dans le même sens et sur les deux faces du barreau. L'extrémité que le pôle de l'aimant quitte la dernière prend un pôle de nom contraire, tandis que l'autre extrémité prend un pôle semblable à celui qui a opéré les frictions.

Ce procédé convient spécialement aux petits barreaux tels que des aiguilles de boussole dont nous allons donner la description.

29. *Boussole.* — Une des applications les plus utiles que l'on ait faites des propriétés magnétiques est l'invention de la boussole qui a permis aux navigateurs d'entreprendre des voyages de long cours. Sa disposition

générale consiste en une aiguille d'acier aimantée dont la forme est celle d'un lozange allongé ; cette aiguille repose, par son milieu, sur un pivot vertical placé au centre d'un cadran gradué, et elle se dirige d'elle-même vers les pôles magnétiques du globe [1], comme les aimants suspendus dont nous avons déjà parlé.

La boussole telle qu'elle vient d'être décrite sauf de légères modifications, joue un rôle important en télégraphie où on la désigne aussi sous le nom de galvanomètre. Mais comme avant de pouvoir connaître complétement le galvanomètre, nous aurons souvent besoin d'une aiguille aimantée suspendue de la même manière que dans la boussole, nous admettrons donc que ce dernier mode de suspension existe, au lieu de le rappeler toutes les fois qu'il sera question d'une aiguille aimantée.

50. *Armures ou armatures.* — Quand un barreau aimanté est abandonné à lui-même, sa puissance magnétique tend à diminuer peu à peu ; pour obvier à cet inconvénient, on met ses deux extrémités en contact avec des pièces de fer doux, qui, sollicitant sans cesse l'action magnétique, l'empêchent de s'affaiblir et tendent même à l'augmenter. — Ces pièces de fer doux portent le nom *d'armures* ou *d'armatures.*

Quant aux aiguilles de boussole, comme elles se dirigent vers les pôles magnétiques du globe, l'influence de la terre leur tient lieu d'armature.

---

[1] Le plan passant par les pôles magnétiques de la terre et un point quelconque du globe, se nomme le méridien magnétique de ce point ; sa direction est indiquée par l'aiguille de la boussole.

DEUXIÈME PARTIE.

Courant électrique. - Pile. - Galvanomètre. - Électro-aimant.

51. *Électricité due aux actions chimiques.* — Lorsqu'on plonge (fig. 1) une lame de zinc dans l'acide sulfurique étendu d'eau, il y a production d'électricité par suite de l'action chimique qui a lieu entre le métal et le liquide; l'électricité positive $+$ se développe dans le liquide et l'électricité négative $-$ sur le zinc.

52. *Caractère spécial de cette électricité.* — L'électricité produite comme nous venons de le dire a une trop faible tension pour s'échapper dans l'air; ainsi, en fixant au zinc (fig. 2) un fil de cuivre dont l'extrémité libre est terminée en pointe, on remarque que cette pointe ne donne lieu à aucune étincelle, lors même qu'on en approche un corps conducteur non isolé: il faut qu'il

y ait contact de ce corps avec le fil pour que l'électricité
de ce dernier se communique.

Il en est de même pour un second fil semblable,
plongé dans le liquide la pointe en l'air.

53. *Courant électrique.* — Si dans l'expérience précédente on réunit les deux fils de cuivre par leur
extrémité libre, de manière à former un seul conducteur
(fig. 3), l'électricité du zinc et celle du liquide suivent
ce conducteur pour recomposer du fluide neutre, et
toute trace d'électricité disparaîtrait si l'action chimique
était suspendue ; mais comme elle continue, il en résulte
au travers du conducteur une suite de décompositions
et de recompositions de fluide neutre qui constitue ce
qu'on nomme un *courant électrique* [1].

54. *Moyen de reconnaître l'existence du courant.* —
Lorsqu'un fil conducteur est parcouru par un courant, si
on l'approche d'une aiguille aimantée de manière qu'il se
trouve parallèle à la direction de l'aiguille (fig. 4), cette
dernière tend aussitôt à s'écarter de sa position habituelle
pour prendre (fig. 5) une direction perpendiculaire à
celle du fil. — La déviation de l'aiguille aimantée est
donc un moyen de reconnaître l'existence *du courant.*

55. *Pile.* — La première pile doit son origine à
Volta, physicien italien. Elle a été appelée ainsi parce
que ses éléments se composaient de disques superposés
en forme de colonne ou de pile. Depuis, cette dernière
dénomination a été appliquée à presque tous les appareils
produisant des courants électriques.

[1] Cette définition du courant a été adoptée pour simplifier les
explications théoriques.

2

56. *Pile Daniell.* — Il existe un grand nombre de piles dont les dispositions varient avec le but qu'elles ont à remplir. En télégraphie c'est la pile construite par le chimiste anglais Daniell que l'on emploie généralement. Voici sa disposition : chaque élément (fig. 6) se compose d'un vase en verre V dans lequel repose un manchon en zinc X armé d'une lame en cuivre Z ; au milieu de ce manchon pénètre un vase en terre poreuse P, où plonge une lame en cuivre C.

Pour faire usage de cet élément, on verse dans le vase en verre de l'eau ordinaire et dans le vase en terre poreuse une dissolution saturée de sulfate de cuivre [1].

57. *Pôles de la pile.* — Quand un élément est ainsi préparé, la lame C s'électrise positivement et la lame Z négativement ; la première lame se nomme le pôle positif de l'élément et la seconde le pôle négatif.

Cette électrisation des pôles est due à l'action chimique qui s'exerce au travers du vase poreux entre le

---

[1] On place en outre dans une cuvette l fixée à la lame C, quelques petits morceaux de sulfate de cuivre que l'on renouvelle fréquemment afin de maintenir le liquide en état de saturation.

On prépare la dissolution de sulfate de cuivre au moins 48 heures à l'avance en faisant dissoudre du sulfate dans de l'eau, que l'on agite de temps en temps avec un bâton pour activer l'opération. Le liquide est saturé quand il ne dissout plus les nouveaux morceaux de sulfate qu'on y plonge. Dans un cas pressant on obtient une dissolution saturée instantanée, en pulvérisant le sulfate et en se servant d'eau chaude pour le faire dissoudre. En tous cas, on ne doit jamais se servir d'un vase de métal qui serait attaqué par le liquide ; les vases en verre ou en grés sont les plus convenables. Un approvisionnement de dissolution est nécessaire pour remplacer le liquide du vase poreux à mesure qu'il disparaît par l'évaporation.

zinc et le sulfate de cuivre en dissolution ; ce sulfate se décompose [1] en abandonnant du cuivre qui reste dans le vase poreux et de l'acide sulfurique qui traverse ce vase pour se porter sur le zinc et le transformer en sulfate de zinc.

Le vase poreux a pour but de modérer l'action chimique en la rendant plus constante.

Une pile peut se composer d'un seul élément. Quand elle en comprend plusieurs on les réunit par leurs pôles contraires en forme de chaîne (fig. 7), et les deux pôles qui restent libres aux extrémités de la chaîne deviennent les pôles de la pile [2].

58. *Circuit.* — En réunissant les deux pôles d'une pile par un fil conducteur, le courant électrique s'établit dans toutes les parties du circuit.

Le *circuit* se compose de la pile elle-même et du conducteur qui met ses pôles en communication.

Toutes les fois que cette dernière communication existe, on dit que le circuit est fermé.

---

[1] Le sulfate de cuivre est un sel bleu composé d'acide sulfurique et de cuivre.

[2] Les zincs sont ordinairement munis d'une lame de cuivre recourbée, assez longue pour venir plonger jusqu'au fond du vase poreux de l'élément voisin. Quand on veut former les pôles de la pile, on coupe cette lame en deux, de manière que la portion qui reste attachée au zinc serve de pôle négatif, et celle qui porte la cuvette de pôle positif.

Pour relier les pôles aux fils de communication, on emploie des serre-lames. Ce petit instrument se compose d'un cylindre en cuivre (fig. 11) muni de deux vis a et b ; on place le fil dans le trou d et la lame qui représente le pôle dans la fente c, puis on serre les vis.

Le circuit est encore fermé quand les pôles de la pile sont reliés à des fils conducteurs enfoncés dans la terre assez profondément pour traverser la croûte sèche du sol. Dans ce cas c'est la terre qui complète le circuit (fig. 8) en vertu de sa grande conductibilité.

39. *Sens du courant.* — Si on observe avec attention ce qui se passe lorsqu'on soumet un aiguille aimantée à l'influence du courant (34), on remarque que la même extrémité de l'aiguille dévie toujours du même côté du courant (fig. 9), mais qu'elle dévie du côté opposé si on intervertit les pôles de la pile (fig. 10). Pour se rendre compte de ces deux effets inverses, on admet que le courant électrique se dirige dans un certain sens, déterminé par la situation des pôles de la pile ; et, afin de faciliter les explications qui vont suivre, nous considérerons le courant comme allant du pôle positif au pôle négatif, dans son parcours à travers le conducteur fermant le circuit, ainsi que l'indiquent les flèches.

40. *Sens de la déviation de l'aiguille aimantée par rapport au sens du courant.* — Pour se rendre compte, dans tous les cas, du sens de cette déviation, il faut supposer un observateur couché dans le circuit (fig. 12 et 13), de manière que le courant le traverse des pieds à la tête, et que sa face soit constamment en regard de l'aiguille ; on verra alors le pôle nord de cette aiguille se diriger toujours vers la droite de l'observateur et le pôle sud vers sa gauche.

41. *Principe du galvanomètre.* — Une aiguille aimantée étant placée au milieu d'un cadre vertical (fig. 14), si ce cadre est un conducteur fermant le circuit d'une pile,

l'aiguille déviera par suite de toutes les actions du courant qui concourront à la diriger dans le même sens ; c'est-à-dire, le pôle nord vers la droite de l'observateur qui serait couché dans le courant et marcherait avec lui, suivant la direction des flèches, en regardant constamment l'aiguille.

42. *Galvanomètre.* — Le galvanomètre ordinaire, en usage dans les postes télégraphiques, est fondé sur le principe précédent. C'est une aiguille aimantée $x\,y$ dont le pivot vertical est fixé à l'intérieur d'un cadre en bois $m\,n$ qui enveloppe l'aiguille de très-près sans gêner ses mouvements (fig. 15 et 16) ; autour de ce cadre est enroulé plusieurs fois dans le même sens, un fil de cuivre recouvert de soie. Les tours de ce fil étant ainsi isolés entre eux, agissent comme autant de circuits séparés, pour multiplier l'action du courant sur l'aiguille, ce qui augmente considérablement la sensibilité de l'instrument.

Le cadre $m\,n$ est fixé sur un socle rond en bois, qui possède deux bornes en cuivre A, B, communiquant avec chaque extrémité du fil recouvert de soie.

Comme à l'état ordinaire le cadre cache l'aiguille aimantée, on fixe à angle droit sur cette aiguille, une seconde aiguille indicatrice en cuivre $p\,q$, dont la pointe q se meut au-dessus d'un arc gradué. Toutes ces pièces sont abritées de la poussière par un globe en verre.

Pour se servir du galvanomètre on l'oriente en le tournant sur lui-même jusqu'à ce que l'aiguille indicatrice corresponde au zéro de l'arc gradué ; puis, on fixe sous les vis des bornes, les deux fils correspondant aux pôles de la pile, et aussitôt l'aiguille indicatrice reproduit les déviations de l'aiguille aimantée en s'écartant à gauche ou à droite du zéro, selon le sens du courant.

Dans le galvanomètre la déviation augmente avec l'intensité du courant sans lui être proportionnelle. Cet instrument est spécialement employé pour reconnaître la présence du courant.

45. *Aimantation par le courant.* — Supposons que l'on tende perpendiculairement à un barreau de fer doux S, N (fig. 17), et vers son milieu, un fil de cuivre recouvert de soie traversé par un courant; le barreau devra s'aimanter aussitôt, son pôle nord venant se placer à droite du courant et son pôle sud à gauche (comme quand il s'agit d'une aiguille aimantée) (40). L'aimantation développée de cette manière sera à la vérité très-faible, mais si le fil conducteur, au lieu de passer simplement devant le barreau, s'enroule plusieurs fois autour de lui, l'action de ce fil sur le barreau augmentera avec le nombre de ses tours, et l'aimantation pourra devenir alors très-énergique. Elle sera d'autant plus forte que le nombre des tours sera plus considérable, tant que ces derniers ne dépasseront pas une certaine limite d'éloignement du barreau (environ 12 à 15 millimètres).

Toutefois cette aimantation ne sera que temporaire, elle ne durera que pendant le passage du courant.

Un barreau d'acier s'aimanterait de la même manière mais il conserverait ses propriétés magnétiques.

44. *Electro-aimant.* — On donne le nom d'électro-

aimants aux barreaux de fer doux aimantés par le courant, et pour faire agir les deux pôles sur une même. armature, on courbe le barreau (fig. 18) en forme de fer à cheval, sur les deux branches duquel on enroule un grand nombre de fois un fil de cuivre revêtu de soie. — L'enroulement doit se faire sur chaque branche comme s'il s'étendait dans un même sens sur toute la longueur du barreau.

Lorsque l'armature est au contact (fig. 19) on peut faire soutenir à l'électro-aimant un poids plus ou moins considérable, selon les dimensions du barreau, la grosseur ou la longueur du fil et l'intensité du courant; mais aussitôt que celui ci cesse de passer, l'électro-aimant revient à l'état naturel, l'armature se détache et le poids tombe.

En télégraphie, l'électro-aimant a une disposition spéciale qui en facilite l'emploi dans les appareils. Il est formé de deux branches cylindriques en fer doux A, B (fig. 20 et 21) réunies par une barre rectangulaire de même métal M N; et au lieu de placer le fil directement sur chaque branche, on l'enroule dans le même sens sur deux bobines en cuivre exactement semblables qui entrent à frottement sur les branches A, B. Ce fil n'est pas continu non plus car il vient s'arrêter à l'axe des bobines qui ne communiquent entre elles que par l'intermédiaire de la barre rectangulaire M N.

45. *Inversion de l'action magnétique du courant.* — Lorsqu'on renverse le sens du courant dans un électro-aimant, le sens de l'aimantation change en même temps; c'est-à-dire que les pôles sont intervertis.

TROISIÈME PARTIE.

Principes généraux de télégraphie. - Appareils et instruments accessoires.

46. *Principes généraux.* — Quelle que soit la distance que le courant ait à franchir pour aller de la pile à l'électro-aimant, on peut admettre que son effet magnétique sur ce dernier se manifeste instantanément, car la vitesse de l'électricité est telle, qu'un courant peut faire plusieurs fois le tour du globe en une seconde.

Il y a toutefois certaines conditions à remplir qui reposent sur les lois de l'intensité du courant.

Cette intensité diminue à mesure que la longueur du circuit augmente (58); c'est-à-dire, que pour des circuits 2 fois, 3 fois, 4 fois, etc. plus longs, l'intensité devient 2 fois, 3 fois, 4 fois, etc. plus faible.

D'un autre côté, l'intensité du courant augmente

proportionnellement à la section [1] ou au carré du diamètre du fil conducteur ; ainsi, dans un circuit formé d'un fil métallique, si le diamètre de ce fil devient 2 fois, 3 fois, 4 fois, etc. plus grand ; le courant acquiert successivement une intensité, 4 fois, 9 fois, 16 fois, etc. plus grande.

Conséquemment, lorsqu'un fil de fer de 2^{mil} transmet le courant d'une pile de 20 éléments de manière à aimanter suffisamment un électro-aimant situé à 40 kilomètres, on voit qu'en remplaçant ce fil par un autre de 4^{mil}, l'intensité du courant sera la même à une distance 4 fois plus considérable ; on pourra donc porter l'électro-aimant à 160 kilomètres sans lui faire perdre de sa force.

Il y a en outre un moyen d'agir à grande distance sur un électro-aimant sans changer le diamètre du fil conducteur ; c'est celui dont les employés disposent.

Il consiste dans l'augmentation du nombre des éléments de la pile ; car, plus ce nombre est considérable, plus la tension du courant est forte (12) ce qui lui permet de traverser plus facilement des circuits offrant une certaine résistance à son passage à cause de leur grande longueur. — On adopte ordinairement pour régler la force des piles les proportions suivantes :

Pour une distance inférieure à 100 kilomètres	de 15 à 30 éléments
d° comprise entre 100 et 200	d° de 30 à 50 d°
d° 200 et 300	d° de 50 à 70 d°
d° 300 et 500	d° de 70 à 100 d°
d° 500 et 1000	d° de 100 à 150 d°

[1] Surface que présente un fil coupé perpendiculairement à son axe.

47. Composition d'un système de télégraphie électrique. — Tout système de ce genre se compose essentiellement de quatre parties :

1° De la Pile.

2° Du Conducteur ou fil de ligne.

3° Du Manipulateur.

4° Du Récepteur.

1° *De la Pile.* — Nous connaissons déjà la pile employée en télégraphie, c'est la pile Daniell précédemment décrite (56) (57).

2° *Du Conducteur.* — C'est un fil de fer galvanisé de 3 ou 4 et même de 3^{mil} de diamètre soutenu par des poteaux en bois de pin ou sapin injectés [1], que l'on plante de 60 en 60 mètres environ, le long des chemins de fer et des routes. Vers le sommet de chaque poteau est fixé un support isolateur en porcelaine qui soutient le fil.

On peut également faire passer le conducteur sous terre et même dans la mer, mais alors il doit être revêtu d'une substance isolante.

Le conducteur du câble souterrain, est recouvert de plusieurs couches de gutta-percha et de rubans goudronnés ; puis d'une gaîne en plomb qui a pour but d'empêcher l'altération des matières isolantes.

Le câble sous-marin est isolé comme le précédent, seulement la gaîne en plomb est remplacée par un faisceau de fils de fer remplissant le même but et protégeant en même temps ce câble contre les récifs,

[1] On injecte les poteaux avec une dissolution de sulfate de cuivre pour en prévenir l'altération.

tout en augmentant considérablement sa résistance à la rupture.

Les figures 22 et 23 représentent un échantillon de chacun de ces câbles.

3° *Du Manipulateur.* — On appelle ainsi l'appareil de la station de départ destiné à transmettre les dépêches. Il se compose en principe (fig. 24) d'une tige métallique articulée en L qui vient mettre la ligne en communication avec le récepteur ou avec la pile selon qu'on appuie cette tige contre le bouton R ou contre le bouton P.

4° *Du Récepteur.* — C'est l'appareil de la station d'arrivée qui reçoit les dépêches transmises par le manipulateur. A cet effet, il renferme un électro-aimant muni d'une armature A B (fig. 25); seulement cette armature au lieu d'être au contact, est suspendue à une petite distance au moyen d'un pivot A; de sorte qu'elle peut être attirée et venir s'appuyer contre un petit butoir K chaque fois que le courant est envoyé sur la ligne; mais elle revient à sa position de repos en vertu d'un ressort de rappel qui la ramène contre un second butoir I, dès que le courant cesse de passer dans l'électro-aimant.

48. *Correspondance télégraphique entre deux stations.* — Soient deux stations A et B entre lesquelles on veut établir la correspondance. Elles devront être pourvues chacune 1° d'une pile, 2° d'un manipulateur, 3° d'un récepteur; disposés dans l'ordre indiqué (fig. 26).

Ainsi, à la station A, par exemple, le pôle négatif de la pile communique à la terre et le pôle positif correspond au bouton P du manipulateur M; ce manipulateur étant à l'état de repos appuie contre un bouton R auquel correspond un bout du fil de l'électro-aimant du récepteur; l'autre bout de ce fil va à la terre.

Il est facile de voir qu'à la station B, la même disposition existe.

Quant au fil de ligne réunissant les deux stations, ses extrémités aboutissent aux articulations L et *l* des manipulateurs.

Lorsqu'une station veut transmettre, en admettant que ce soit la station A; l'employé écarte son manipulateur du point de repos R pour l'appuyer contre le bouton P relié au pôle positif de sa pile (fig. 27). Comme le manipulateur est en métal, il livre passage au courant qui arrive sur la ligne, puis dans le récepteur de la station B, et de là à la terre qui ferme le circuit. Le sens du courant est du reste indiqué par des flèches.

Chaque émission du courant de la station A met en mouvement l'armature du récepteur de la station B, comme on peut reproduire ces mouvements à volonté, une fois, par exemple, pour désigner la lettre *a*; deux fois pour la lettre *b*; trois fois pour la lettre *c*, en séparant les deux premiers mouvements du troisième par un intervalle de temps plus grand, etc.; on peut former ainsi par ces combinaisons, les lettres et les chiffres nécessaires à la correspondance.

Ce qui vient d'être dit pour la station A s'applique à la station B, quand c'est celle-ci qui transmet.

Il est évident que si, dans chaque station, on appuie en même temps le manipulateur contre le bouton P en rapport avec la pile, aucun des deux récepteurs ne fonctionne, parce qu'ils ne se trouvent plus en communication avec la ligne. Cependant, comme la transmission s'opère en faisant osciller le manipulateur du point de repos au pôle positif de la pile, il en résulte que si l'employé recevant la dépêche veut faire répéter un passage douteux, il peut en prévenir son correspondant dans le cours de la transmission, en mettant un instant son manipulateur en contact avec le bouton P pour envoyer le courant.

En effet, ce courant fait marcher le récepteur de la station de départ chaque fois que l'employé de cette station ramène son manipulateur au point de repos en le faisant osciller. Alors cet employé, averti par la marche insolite de son récepteur, suspend son travail en laissant le manipulateur au repos, et attend que le correspondant lui demande le renseignement dont il a besoin. Ce renseignement une fois donné le travail continue.

Avant d'étudier un système spécial de télégraphie, nous allons donner la description des différents appareils et instruments accessoires.

49. *Appareils et instruments accessoires.* — Ils se composent: du commutateur, du galvanomètre, de la sonnerie, du paratonnerre à pointes mobiles et du paratonnere à bobine sans pointes.

50. *Du Commutateur.* — C'est un instrument destiné à faire communiquer un fil, alternativement et à volonté avec plusieurs autres.

Il est formé (fig. 28) d'une lame métallique A B, tournant sur un axe B au centre d'un plateau rond en bois; cet axe correspond par une lame en cuivre incrustée dans le plateau, avec le fil K que l'on veut faire communiquer avec les autres. Ce fil K est fixé sous la vis D. Quant aux autres fils, ils sont fixés de la même manière aux plaques isolées E, F, G, H.

Pour faire communiquer le fil K avec le fil attaché à la plaque E, il suffit de tourner le manche M du commutateur de manière que la lame A B vienne se placer sur la plaque E. Par une manœuvre semblable on peut mettre le fil K en rapport avec l'un ou l'autre des autres fils.

Il existe d'autres commutateurs appelés commutateurs suisses et bavarois, dont l'emploi est également très-facile.

51. *Du Galvanomètre.* — Nous avons donné (42) la description de cet instrument et nous savons qu'il a pour but de constater la présence du courant.

52. *De la sonnerie.* — C'est un appareil qui permet d'entendre les appels du correspondant pendant la nuit, ou lorsque l'on est peu éloigné du poste télégraphique. Ces appels sont produits par un petit marteau qui vient frapper contre un timbre. Il y a trois espèces de sonneries : 1° la sonnerie à mouvement d'horlogerie, 2° la sonnerie à trembleur ordinaire, 3° la sonnerie à trembleur à mouvement continu.

1° *Sonnerie à mouvement d'horlogerie.* — Dans cette sonnerie (fig. 29) le marteau est mû par un mouvement d'horlogerie, et il frappe contre le timbre aussitôt qu'un arrêt suspendant l'action des rouages se trouve déplacé, ce qui a lieu au moyen d'un électro-aimant toutes les fois que le courant est envoyé. Dès que le courant est interrompu une roue ramène l'arrêt à sa place et le bruit cesse.

La sonnerie à mouvement d'horlogerie doit être remontée fréquemment, car elle ne peut fonctionner que trois à quatre minutes d'une manière continue. Il faut donc, sur les lignes où elle est employée, faire des appels très-courts et à des intervalles assez grands, afin de pouvoir les répéter plus longtemps.

Un disque portant le mot *répondez* se développe sur la droite de cette sonnerie toutes les fois qu'elle a fonctionné. Avant de répondre on fait rentrer le disque à sa place en tournant une petite clef placée sur son axe.

Cette sonnerie se met en communication à l'aide des des deux bornes en cuivre A et B placées en dehors de la boîte qui couvre l'appareil.

2° *Sonnerie à trembleur ordinaire.* — Cette sonnerie diffère de la précédente en ce que le courant la met en marche directement. Elle se compose simplement d'un électro-aimant (fig. 50) dont l'armature se termine par un petit marteau qui vient frapper contre un timbre chaque fois que cette armature est attirée. A cet effet, un bout du fil de l'électro-aimant communique à la terre par la borne T, et l'autre bout de ce fil est fixé à la suspension S de l'armature. Enfin cette dernière appuie à l'état de repos contre un ressort R en rapport avec la ligne par la borne L.

Il résulte de cette disposition, que quand le courant est envoyé sur la ligne, il arrive à la borne T après avoir traversé l'électro-aimant, ce qui détermine l'attraction de l'armature et le choc du marteau contre le timbre; mais au moment du choc l'armature ayant quitté l'appui R, le passage du courant se trouve interrompu et l'armature n'étant plus attirée, retombe sur cet appui, ce qui rétablit le passage du courant et donne lieu à un nouveau coup de marteau contre le timbre suivi de la même manière d'une série d'autres qui dure aussi longtemps que l'envoi du courant sur la ligne.

Dans cette sonnerie, le disque portant le mot *répondez* est remplacé par une tige A B, qui apparaît en dehors de l'appareil (fig. 31) à la première attraction de l'armature par l'effet d'un ressort à boudin $x\,y$ (fig. 30).

Quand on veut replacer le bouton B, on appuie légèrement dessus jusqu'à ce que la tige s'accroche à l'armature en F.

Pour faire fonctionner la sonnerie à trembleur ordinaire, il n'est pas nécessaire d'envoyer des courants de courte durée comme pour la sonnerie à mouvement d'horlogerie, il faut au contraire que le courant agisse d'une manière continue aussi longtemps que l'on veut faire entendre l'appel.

5° *Sonnerie à trembleur à mouvement continu.* — Cet appareil ressemble au précédent, seulement la tige A B (fig. 32) ferme en se décrochant un circuit local dont l'électro-aimant fait partie. Cette tige vient s'arrêter contre un buttoir Z relié au ressort R, et comme elle communique en même temps par son support à la borne P en rapport avec une pile locale, il en résulte que la sonnerie continue de marcher sous l'influence de cette pile, lors même que le courant de ligne n'est plus envoyé.

Pour faire cesser l'appel continu, il faut interrompre

le circuit local en appuyant sur le bouton B, comme dans la sonnerie à trembleur ordinaire.

55. *Paratonnerre à pointes mobiles.* — C'est un instrument formé (fig. 55) de deux plaques métalliques A B E, C D F, fixées verticalement en regard l'une de l'autre sur un socle en bois M N. Elles sont traversées chacune par trois pointes mobiles très-aiguës qui s'approchent réciproquement de la plaque opposée sans la toucher.

L'écartement de ces deux plaques, vers la partie supérieure, est maintenu par une petite tige $x\,y$, en ivoire, de manière qu'elles restent constamment isolées l'une de l'autre.

Pour se servir de ce paratonnerre on le place à l'arrivée du fil de ligne, afin qu'il précède dans le poste les autres appareils qu'il est destiné à protéger contre la foudre.

A cet effet, on introduit une des plaques A B E, par exemple, dans le circuit au moyen des bornes A, E, et on relie l'autre plaque à la terre de la même manière ou à l'aide d'une seule borne.

Cette disposition étant prise, si l'influence orageuse se manifeste sur la ligne, l'électricité atmosphérique s'écoule dans le sol par les pointes de la plaque de ligne qui se déchargent sur la plaque de terre C D F (12); et à cause de l'action qui s'exerce entre deux fluides contraires (15), les pointes de la plaque de terre laissent échapper du sol une électricité qui neutralise celle de la ligne en venant se décharger sur la plaque de ligne. Par conséquent, les pointes des deux plaques concourent simultanément à dissiper l'électricité atmosphérique.

Quand les décharges ont été assez fortes pour brûler notablement le bout des pointes, le paratonnerre perd de son efficacité et il devient nécessaire de le remplacer.

On emploie aussi un paratonnerre à papier dans lequel on serre les deux plaques verticales l'une contre l'autre après avoir placé entre elles une feuille de papier. La décharge atmosphérique brûle ce papier, et les deux plaques se trouvant en communication, le fluide va directement à la terre.

54. *Paratonnerre à bobine sans pointes.* — La pièce essentielle de cet instrument consiste en une bobine A B (fig. 51) formée de trois parties métalliques A, C, B. Celle du milieu C s'étend jusqu'aux galets d'ivoire x, y, qui l'isolent des parties extrêmes A, B; mais celles-ci communiquent entre elles au moyen d'un fil de fer très-fin, recouvert de soie afin de rester isolé de la partie moyenne C, sur laquelle ce fil s'enroule en formant une couche très-serrée.

Cette bobine est fixée sur un support vertical en bois M N (fig. 55) à l'aide de vis, dans trois manchons métalliques a, c, b, qui mettent sa partie moyenne en communication avec la terre et les parties extrêmes avec le récepteur d'une part et avec la ligne de l'autre. De cette manière, le courant venant de la ligne passe dans le fil de la bobine avant d'arriver au récepteur.

Voici quelles sont les fonctions de cette bobine. Le paratonnerre à pointes mobiles, dont l'efficacité est très-grande en temps d'orage, ne dégage pas complètement la ligne de l'électricité atmosphérique ; il en reste quelquefois, après la décharge des pointes, une quantité très-faible il est vrai, et cependant suffisante pour altérer le fil de l'électro-aimant d'un récepteur, d'une sonnerie, etc. Or quand ce reste d'électricité rencontre sur son passage le fil de la bobine dont il s'agit, ce fil, étant la partie la plus sensible du circuit, est seul altéré, son enveloppe de soie brûle et il se trouve aussitôt en communication avec la partie moyenne C (fig. 34) par laquelle le fluide s'écoule directement dans le sol (fig. 35), au lieu de traverser l'électro-aimant de l'appareil qui oppose plus de résistance à son passage et se trouve ainsi préservé de la foudre.

Le paratonnerre à bobines sans pointes est représenté en entier (fig. 36). Il possède trois lames métalliques aboutissant aux trois manchons qui soutiennent la bobine. Ces lames sont en même temps accessibles à un commutateur dont l'axe Z est fixé sur une quatrième lame terminée par la borne L , reliée à la ligne. Deux autres bornes T et R , fixées aux lames latérales correspondent l'une à la terre, l'autre au récepteur.

La manœuvre du commutateur Z , a lieu dans certaines circonstances lorsque l'influence orageuse se manifeste sur la ligne : ce qui s'annonce d'ordinaire par de petites étincelles et l'attraction brusque de l'armature du récepteur ou des sonneries. Il faut donc , dès qu'on reconnaît que ces effets augmentent d'intensité, mettre la ligne en communication immédiate avec la terre en tournant le commutateur sur la lame qui aboutit à la borne T. On évite ainsi , de faire brûler inutilement le fil de la bobine dont le but est de prévenir une surprise par l'orage.

Quand le fil d'une bobine est altéré, il faut le remplacer ou mettre dans les manchons une bobine de rechange ; si l'on n'a pas le temps de rétablir la bobine et que l'orage soit dissipé, on peut correspondre momentanément sans bobine en tournant le commutateur sur la lame terminée par la borne R ; dans ce cas la ligne communique directement avec le récepteur, à la condition cependant que l'on n'aura pas oublié de retirer des manchons la bobine défectueuse, qui pourrait mettre la ligne en rapport immédiat avec la terre.

On a modifié il y a quelque temps le paratonnerre à bobine sans pointes, pour lui donner une forme qui permet de le fixer à volonté dans une position verticale ou horizontale selon l'emplacement dont on dispose.

Dans ce nouveau modèle (fig. 57) le commutateur est remplacé par des chevilles métalliques que l'on place dans les trous B, C, D, E. La forme de ces chevilles est indiquée en $x\,y$, et voici comment on les dispose :

1° Communication de la ligne avec le récepteur sans bobine : une cheville en B.

2° Communication de la ligne avec le récepteur avec bobine : une cheville en C et une en D.

3° Communication directe de la ligne à la terre : une cheville en E.

Dans cette dernière manœuvre c'est une cheville de rechange placée en F que l'on emploie, afin de ne pas couper le circuit pendant l'orage, en enlevant d'abord

les deux autres chevilles posées précédemment en C
et en D.

Enfin, une troisième disposition du paratonnerre à
bobine sans pointes a été adoptée dernièrement; elle
offre avec plus de simplicité les mêmes avantages que
la précédente.

QUATRIÈME PARTIE.

Télégraphe à cadran. - Télégraphe Morse. - Manipulation.

---

55. *Télégraphe à cadran.* — Dans ce système de télégraphe, les lettres et les chiffres sont indiqués directement sur un cadran, de sorte qu'il n'y a aucune combinaison de signaux à former pour correspondre.

56. *Manipulateur à cadran.* — Il est formé (fig. 58) d'un socle carré en bois A B C D dont la face supérieure porte un cadran horizontal en cuivre, sur lequel sont tracées, dans une même circonférence, les vingt-cinq lettres de l'alphabet plus une croix. Dans une autre circonférence de ce cadran se trouvent des chiffres ; et enfin ɔ circonférence extérieure présente vingt-six entailles ˡa première correspond à la croix et les autres aux
sᵤ
dont ·   ˙ aux chiffres en même temps.
ₗettres eₜ .

Une manivelle E F, dont l'axe F occupe le centre du cadran, porte une petite saillie S qui peut entrer successivement dans chaque entaille. Cette saillie étant placée au-dessous de la poignée E de la manivelle, quand on veut tourner cette dernière pour l'amener sur un signal, il faut la soulever un peu par la poignée afin de la dégager de l'entaille où elle est arrêtée par la saillie.

Au-dessous du cadran est une roue métallique $m\,n$, fixée par son centre à l'axe de la manivelle qui tourne avec elle. Cette roue porte une rainure circulaire et sinueuse qui présente vingt-six angles arrondis, alternativement saillants et rentrants.

Un levier coudé $o\,h\,i$, mobile autour d'un axe h, s'engage par un petit galet g dans cette rainure.

Enfin, en R et en P sont deux arrêts ou contacts en cuivre, contre lesquels vient appuyer alternativement l'extrémité i du levier lorsque la roue tourne.

On voit en effet, que le levier vient appuyer dans un sens ou dans l'autre, selon que le galet g, gouverné par la rainure, correspond à un creux ou à une saillie.

Les contacts R et P sont isolés l'un de l'autre, le premier communique au récepteur et le second à la pile.

Le fil de ligne est attaché au bouton L qui correspond à l'axe du levier. En conséquence, lorsque la rainure sinueuse conduite par la manivelle fait un tour entier, le levier venant toucher 13 fois le contact P et 13 fois le contact R, le courant est établi 13 fois, et 13 fois interrompu ; mais pendant ces interruptions la ligne se trouve à chaque instant en communication avec le récepteur.

57. *Remarque sur la position de la manivelle.* — Il est

important de remarquer que cette communication de la ligne avec le récepteur a lieu chaque fois que la manivelle est au repos sur la croix ou sur un chiffre pair, parce qu'alors le levier vient toucher le contact R, quand au contraire la manivelle s'arrête ou passe sur un chiffre impair, le levier s'appuie du côté opposé sur le contact P, et le courant est envoyé sur la ligne.

58. *Récepteur à cadran.* — Il se compose (fig. 39) d'un électro-aimant et d'un mouvement d'horlogerie dont la dernière roue R, que l'on appelle la roue d'échappement, a 15 dents. Par l'intermédiaire de l'axe horizontal *c d* et de la fourchette *e f*, un levier *m n* fixé à l'armature P Q règle la marche de la roue d'échappement de manière qu'à chaque oscillation vers l'électro-aimant, ou en sens inverse, cette roue échappe d'une demi-dent; elle fait par conséquent un tour entier pour 26 oscillations du levier.

Ce mécanisme est couvert d'une boîte en bois M N (fig. 40), dont le devant est fermé par une partie vitrée laissant apercevoir un cadran vertical qui porte les 25 lettres de l'alphabet et la croix, ainsi que les chiffres, disposés comme dans le manipulateur.

Au centre de ce cadran, vient sortir l'axe de la roue d'échappement sur lequel est fixée une aiguille très-légère dont la pointe peut parcourir les 26 divisions du cadran.

Cette aiguille et la manivelle du manipulateur étant mises d'accord, c'est-à-dire étant placées toutes deux sur la croix ou sur un même signal, comme le mouvement d'horlogerie tend à faire tourner l'aiguille toujours dans le même sens, on voit que cette aiguille suivra la marche de la manivelle quand on tournera cette dernière dans ce sens déterminé.

En effet, si la manivelle du manipulateur fait un tour entier, le courant sera 13 fois établi et 13 fois interrompu, par conséquent le levier du récepteur fera 26 oscillations et la roue d'échappement un tour complet. L'aiguille parcourra donc, dans le même temps, les 26 divisions de son cadran en avançant brusquement d'un signal par chaque oscillation.

Il est évident que si la manivelle, au lieu de faire un tour complet s'arrête en route sur un signal quelconque, l'aiguille du récepteur fera le même trajet et viendra s'arrêter en regard d'un signal semblable; ce qui permettra de correspondre, puisqu'on pourra transmettre telle lettre ou tel chiffre que l'on voudra.

Le récepteur à cadran se met en communication au moyen des deux bornes A, B, (fig. 40), on en relie une au contact R du manipulateur (fig. 58) et l'autre à la terre.

59. *Réglage du récepteur à cadran.* — Le petit cadran gradué fixé sur la droite de la boîte du récepteur (fig. 40) porte à son centre une clef munie d'une aiguille servant à régler la tension du ressort de rappel de l'armature.

Cette tension est déterminée par l'aimantation de l'électro-aimant qui varie avec l'énergie du courant. Pour la régler on invite le correspondant à tourner sa manivelle lentement en augmentant progressivement de vitesse. Pendant cette opération on détend d'abord le ressort de rappel en tournant de droite à gauche l'aiguille du petit cadran jusqu'au zéro, et on tend ensuite ce ressort par une manœuvre inverse jusqu'à ce que l'aiguille du récepteur tourne régulièrement [1].

Une fois l'opération terminée, on en prévient le correspondant par un tour de manivelle ; et si l'aiguille du récepteur n'est plus à la croix on l'y ramène en appuyant sur un bouton b (fig. 39 et 40) fixé au sommet d'une tige traversant la boîte qui couvre l'appareil [2].

[1] Lorsqu'un employé est suffisamment exercé il reconnait dès les premiers mouvements de l'aiguille, si le récepteur à cadran est bien ou mal réglé et s'il faut tendre ou non le ressort de rappel. Il faut tendre ce ressort quand l'aiguille s'arrête sur les lettres de rang impair, et le détendre si elle s'arrête sur les lettres de rang pair.

[2] Voici comment l'aiguille du récepteur revient à la croix en appuyant sur le bouton b.

La tige $b\,i$ qui correspond à ce bouton (fig. 39) glisse dans des conduits O, V, elle repose ensuite sur un support à bascule $x\,y$ articulé au point x et dont l'extrémité y est percée d'un trou elliptique traversé par un arrêt a. Quand la tige $b\,i$ abaisse ce support, l'extrémité y de ce dernier descend et le bord supérieur du trou elliptique vient toucher l'arrêt a (le grand axe du trou elliptique limite le jeu de bascule du support). Or, comme le bras vertical $k\,l$ et l'axe $c\,d$, sont fixés l'un et l'autre au support dont il s'agit, le bras s'incline et la fourchette $e\,f$ de l'axe $c\,d$ se dégage de la roue d'échappement R qui peut alors tourner librement dans le sens de la flèche, jusqu'à ce qu'un petit doigt z vienne buter contre l'extrémité k, en forme de crochet, du bras $k\,l$.

Lorsque la roue R est arrêtée dans cette position, l'aiguille du récepteur se trouve sur la lettre Z, et dès qu'on cesse d'appuyer sur le bouton b elle revient à la croix.

En effet, le support à bascule en se relevant par l'action du ressort $s\,y$, fait avancer la roue R d'une demi-dent en ramenant la fourchette $e\,f$ à sa première position ; et, en même temps, le bras $k\,l$ se relève pour livrer passage au petit doigt z de cette roue.

La manivelle étant placée en même temps au repos sur la croix, on se trouve dès-lors en état de correspondre.

60. *Transmission avec le télégraphe à cadran.* — Pour transmettre on tourne régulièrement la manivelle du manipulateur en l'arrêtant successivement pendant une seconde environ sur chacune des lettres composant les mots de la dépêche. Quand on dépasse une lettre qui doit être transmise, il faut se garder de revenir en arrière et continuer le tour pour arriver à cette lettre en passant par la croix.

Afin d'éviter toute confusion, on sépare les mots en s'arrêtant une fois sur la croix ; et si la dépêche contient des nombres en chiffre, on indique en arrêtant la manivelle deux fois sur la croix que les signaux suivants doivent être pris parmi les chiffres.

Lorsque la transmission est terminée on fait un tour de manivelle en s'arrêtant sur le Z et on revient à la croix. Ce signal se nomme le final. Si le correspondant a compris, il répond par les deux lettres C O, et revient à la croix.

Quand, dans le cours de la transmission, les signaux deviennent inintelligibles, celui qui les reçoit fait un tour de manivelle pour prévenir son correspondant et s'arrête un instant pendant qu'il fait revenir à la croix (59) l'aiguille de son récepteur, opération qui est faite en même temps à l'autre poste. Il passe ensuite les deux lettres R Z (répétez), en les faisant suivre du dernier mot compris et revient à la croix pour attendre la continuation de la dépêche.

Si l'employé qui transmet, commet une erreur dont il s'aperçoit, il fait plusieurs tours de manivelle sans s'arrêter sur la croix pour annoncer qu'il s'est trompé; puis il reprend son travail en répétant le passage erroné.

'61. *Télégraphe Morse.* — Il porte le nom de son inventeur M. Morse, professeur Américain. Ce télégraphe a un avantage considérable sur le précédent parce qu'il imprime la dépêche, tandis que l'autre n'en laisse comme nous l'avons vu aucune trace; mais cette impression ne donne que des signaux conventionnels représentant les lettres et les chiffres au lieu de les produire directement; ce qui nécessite un exercice assez long pour être en état de correspondre. Les employés étrangers à la télégraphie ne peuvent donc se servir du télégraphe Morse aussi facilement que du télégraphe à cadran qui n'exige aucune étude préalable.

62. *Manipulateur Morse.* — Le plan horizontal de cet appareil est indiqué (fig. 41) et le plan vertical (fig. 42). Il se compose d'une planchette rectangulaire en bois M N sur laquelle se trouve fixé par son axe K un levier E F. A l'état de repos (fig. 42) l'extrémité E de ce levier est soulevée par un petit ressort $x\,y$, de sorte que l'extrémité opposée F restant abaissée, communique avec le récepteur par une vis V qui appuie sur un point de contact R. Mais le levier abandonne cette position quand on exerce une légère pression sur la poignée H, car alors, le ressort $x\,y$ cédant à la pression, l'extrémité E s'abaisse à son tour et vient toucher un second point de contact P en communication avec la pile. Or, comme l'axe du levier E F correspond à la ligne, il en résulte

que cette dernière se trouve en communication avec la pile lorqu'on appuie sur la poignée H, et avec le récepteur dans le cas contraire.

En tournant la vis V on règle la course du levier entre les points de contact P, R (fig. 42), lesquels sont en rapport avec les boutons P, R (fig. 41) représentés seulement dans le plan horizontal afin d'éviter la confusion des lignes ; il en est de même pour l'axe K qui correspond à un bouton L dans ce dernier plan.

Ces trois boutons P, R, L servent à relier au manipulateur, les fils allant à la pile, au récepteur et à la ligne.

65. *Récepteur Morse.* — La figure 43 représente le plan vertical de cet appareil dont l'ensemble est fixé sur un socle en bois E N. Sa partie essentielle consiste en un électro-aimant U S, accompagné d'une armature X montée sur un levier *n h;* l'axe K de ce levier est soutenu par un support fixé à la cage d'un mouvement d'horlogerie. — A l'état de repos un ressort de rappel *q* maintient l'extrémité *n* du levier abaissée et par conséquent l'extrémité opposée *h* élevée jusque contre la vis V qui termine l'arrêt I.

Le récepteur Morse se compose en outre d'un mouvement d'horlogerie destiné à entrainer une bande de papier entre deux cylindres A, B ; le cylindre inférieur B, fait seul partie des rouages, car le cylindre A ne tourne que parce qu'il appuie sur l'autre cylindre au moyen d'un ressort ; et c'est en agissant sur ce ressort que l'on peut soulever le cylindre supérieur pour placer le papier dont un approvisionnement est enroulé sur un rouet R fixé au-dessus de l'appareil.

Dans son trajet du rouet au cylindre, le papier descend d'abord verticalement entre les branches d'une fourchette *f f* et prend ensuite une direction horizontale en tournant sur un petit cylindre C, (indiqué à une plus grande échelle fig. 44), ce cylindre est muni de deux rondelles glissant à frottement, qui permettent de guider le papier afin qu'il passe exactement au-dessous d'une molette *m* (fig. 43), avant d'arriver entre les cylindres entraineurs A, B.

Sur la molette *m*, qui fait partie des rouages, vient s'appuyer un tampon cylindrique *t*, imprégné d'encre grasse, dont il recouvre constamment le bord de cette mollette en tournant avec elle.

Le papier, en passant au-dessous et très-près de la molette sans la toucher, se trouve maintenu en ligne droite dans cette position par suite d'une faible pression, qu'il éprouve en glissant sous un petit ressort fixé entre les branches de la fourchette *f, f*, représentée en demi-grandeur (fig. 45).

Une pédale M, qui traverse la cage renfermant le mouvement d'horlogerie, sert à mettre en marche ou à arrêter ce dernier, selon qu'on la pousse à droite ou à gauche contre le butoir *d*, ou le butoir *g*.

Pour mettre le récepteur Morse en communication, on relie l'extrémité T du fil de l'électro-aimant à la terre et l'extrémité L au bouton R du manipulateur.

Cela posé, si la pédale M est poussée contre le butoir *d*, afin de mettre les rouages en marche, et qu'en même temps le correspondant envoie le courant en appuyant sur la poignée de son manipulateur (62); ce courant venant de la ligne dans le poste destinataire, détermine l'attraction de l'armature X en traversant l'électro-aimant U S pour aller à la terre, de sorte que l'extrémité h du levier s'abaisse contre un second arrêt P, tandis que l'extrémité opposée n, s'élève à son tour et vient soulever le papier contre la molette dont l'impression forme un trait continu sur ce papier à mesure qu'il se déroule. Quand l'envoi du courant cesse, le ressort de rappel n'étant plus vaincu par l'action magnétique ramène alors le levier n h dans sa position normale et le trait continu se trouve interrompu.

Si le correspondant n'envoie son courant qu'un instant très-court, au lieu d'un trait il ne se forme qu'un point sur le papier.

64. *Réglage du récepteur Morse.* — Afin d'exercer une pression convenable sur la molette, la partie n y du levier n h, représentée à une plus grande échelle (fig. 46), est formée d'une lame d'acier un peu flexible terminée en couteau à l'endroit où le papier est soulevé; pour régler cette pression on fait dérouler le papier et on abaisse l'armature dans la position d'attraction.

Si un trait continu se produit, on tourne la vis z, pour écarter le couteau de la molette jusqu'à ce que l'impression cesse; dès que le trait continu disparaît on tourne très-peu la même vis en sens inverse et l'impression a lieu de nouveau, mais dans de bonnes conditions : car cette fois, on est sûr que la pression du couteau contre la molette ne peut gêner la course du levier entre les arrêts I, P.

On limite cette course à un millimètre environ au

moyen de la vis V. Chaque fois que l'on veut tourner cette dernière vis ainsi que la vis z, il faut avoir soin de désserrer et de resserrer ensuite les contre-vis dont elles sont munies.

Quant au ressort de rappel, on règle sa tension en tournant le bouton O (fig. 45) après avoir invité le correspondant à faire des points, et on procède d'une manière analogue à ce qui a été dit (59) pour le réglage du récepteur à cadran, jusqu'à ce que l'impression des points se fasse régulièrement.

65. *Signaux du télégraphe Morse.* — Nous avons déjà remarqué qu'en envoyant le courant pendant un instant très-court, il se produisait un point à l'arrivée, et qu'une émission de courant durant un certain temps donnait lieu à l'impression d'un trait ou d'une barre. C'est en combinant de différentes manières ces deux signaux élémentaires, que les tableaux ci-contre ont été formés pour servir à la correspondance au moyen du télégraphe Morse.

66. *Transmission avec le télégraphe Morse.* — Pour transmettre, on appelle le poste correspondant en appuyant sur le manipulateur pour envoyer le courant. Ce poste répond à cet appel en donnant son indicatif, c'est-à-dire la combinaison de lettres adoptés pour faire connaître son nom. Le poste expéditeur en fait autant de son côté et aussitôt la transmission commence.

S'il s'agit d'une dépêche privée, elle est précédée du signal ▪ ━ ━ ▪ ; et lorsqu'un passage est mal compris, l'employé qui reçoit interrompt la dépêche (48) (60) et passe le dernier mot compris suivi du signal ▪ ▪ ━ ━ ▪ ▪. Alors l'employé qui transmet reprend la dépêche à partir

TABLEAU DES SIGNAUX TÉLÉGRAPHIQUES. (65)

Lettres	Signaux	Lettres	Signaux	Lettres	Signaux
a.	·—	h.	····	q.	——·—
ä.	·—·—	i.	··	r.	·—·
å.	·——·—	j.	·———	s.	···
b.	—···	k.	—·—	t.	—
c.	—·—·	l.	·—··	u.	··—
ch.	————	m.	——	ü.	··——
d.	—··	n.	—·	v.	···—
e.	·	ñ.	——·——	w.	·——
é.	··—··	o.	———	x.	—··—
f.	··—·	ö.	———·	y.	—·——
g.	——·	p.	·——·	z.	——··

CHIFFRES

Chiffres	Signaux	Chiffres	Signaux	Chiffres	Signaux
1.	·————	5.	·····	9.	————·
2.	··———	6.	—····	0.	—————
3.	···——	7.	——···	Barre de fraction.	—··—·
4.	····—	8.	———··		

PONCTUATION.

Ponctuation.	Signaux.	Ponctuation.	Signaux.
Point............(.)		Alinéa............	
Point-virgule....(;)		Trait-d'union....(-)	
Virgule............(,)		Parenthèse (avant et après les mots entre)............()	
Deux points.....(:)		Guillemets...(« »)	
Point d'interrogation ou demande de répétition d'une transmission non comprise............(?)		Souligné (avant et après le mot ou le membre de phrase)............	
Point d'exclamation............(!)		Signé (séparant le texte de la signature)............	
Apostrophe...(')			

INDICATIONS DE SERVICE.

Indications.	Signaux.	Indications.	Signaux.
Dépêche d'Etat....		Erreur............	
Dépêche de service...		Fin de la transmission............	
Dépêche privée....		Invitation à transmettre	
Appel (préliminaire de toute transmission)....		Attente............	
Compris............		Accusé de réception............	

de ce mot. De même, si ce dernier employé commet une erreur de transmission, il donne le signal •••••••••• en le faisant suivre de la rectification du passage erroné. Enfin, on a recours des deux côtés, aux signaux renfermés dans le tableau des indications de service, toutes les fois que les circonstances l'exigent.

67. *Manipulation*. — En parlant de la transmission (66) nous avons indiqué à peu près la marche à suivre pour produire les signaux du télégraphe à cadran, c'est-à-dire la manipulation. Nous ajouterons seulement qu'il ne faut déplacer la manivelle que quand on est bien fixé sur la position de l'entaille où on veut l'arrêter, afin qu'il n'y ait ni hésitation, ni brusquerie dans son mouvement. Pour ne pas dépasser cette entaille il est bon d'abaisser la manivelle un peu avant d'y arriver [1].

En observant les simples indications qui précèdent on peut manipuler correctement dès le début, mais avec lenteur. Il est, du reste, inutile de chercher à acquérir une manipulation très-rapide, car une manipulation correcte quoiqu'un peu lente, permettant au correspondant d'écrire la dépêche avec assurance et sans interruption, au fur et à mesure de la transmission, remplit les meilleures conditions d'exactitude et de vitesse ; attendu qu'alors le récepteur fonctionne mieux, le travail est moins pénible et les répétitions, qui font perdre beaucoup de temps, bien plus rares.

La manipulation du télégraphe Morse présente plus de difficultés que la précédente, parce qu'il faut une grande

---

[1] Il faut procéder de manière que la saillie de la manivelle pénètre dans l'entaille après avoir glissé un instant sur le cadran.

régularité dans le jeu du manipulateur pour que les signaux se produisent distinctement à l'extrémité de la ligne chez le correspondant. Voici une méthode préparatoire qui permet d'obtenir ce résultat :

On écrit des séries de chiffres sous chaque signal, de manière que ces séries se renouvellent toutes les fois qu'un point se présente après une barre.

Exemple :

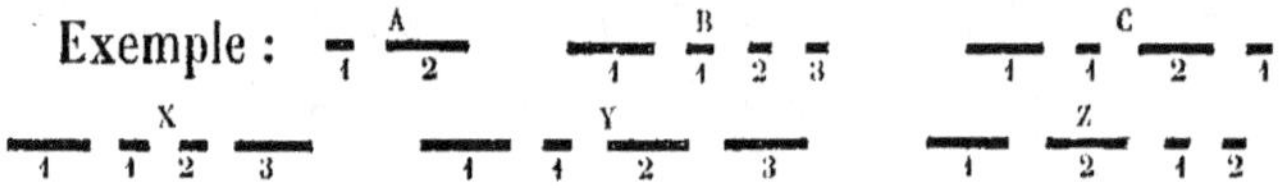

Lorsqu'un tableau général de tous les signaux (65) est ainsi établi, on s'exerce quelque temps suivant les indications données par les chiffres, en frappant sur une table avec les premiers doigts de la main droite réunis, en ayant soin de frapper sans rester appuyé sur la table, quand un chiffre correspond à un point, et de rester au contraire un instant appuyé sur la table après avoir frappé, quand le chiffre est placé sous une barre.

Ainsi pour la lettre A, on compte un, deux, en frappant deux coups de suite sans précipitation, et on reste appuyé.

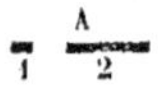

Pour le B on compte un et on frappe un coup en restant appuyé, puis on compte régulièrement un, deux, trois, en frappant trois coups de suite sans rester appuyé.

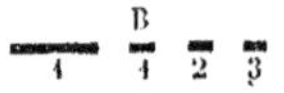

Pour le C on compte un, en restant appuyé, puis, un, deux, en restant encore appuyé, et ensuite un, en frappant seulement, etc. [1].

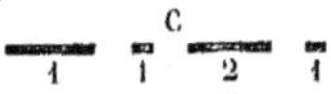

---

[1] On n'éprouve aucune difficulté dès le début pour former des signaux tels que ceux-ci :

Lorsqu'on a bien présent à l'esprit le rhythme cadencé que cette méthode indique pour chaque signal, on peut alors se servir du manipulateur. A cet effet, on saisit la poignée de son levier avec les doigts déjà exercés et on abaisse ce levier en mesure contre le contact P, comme si on continuait de frapper sur une table. Après quelques exercices de ce genre on sait habituellement former les signaux Morse.

L'uniformité dans la longueur des barres s'obtient en faisant les pauses de durées égales chaque fois qu'on doit maintenir le levier abaissé. Il suffit que cette longueur soit triple de celle du point pour qu'il n'y ait pas de confusion. — L'espace entre les éléments d'un signal doit être égal à un point, et celui qui sépare les signaux égal à trois points. — Quant à la séparation des mots ou des nombres, il faut qu'elle soit égale à quatre points au moins; mais il importe de s'attacher avant tout, à bien former les signaux, parce que les intervalles plus ou

ou bien les suivants : ▪ ▬ ▬ ▪ ▬ ▬ ▬ ; mais quand le point se présente après la barre dans un même signal, on coupe habituellement ce signal en deux, ainsi : ▬ ▪ se transforme en deux autres signaux ▬ et ▪ ; ▬ ▪ ▪ en ▬ et ▪ ; celui-ci ▬ ▪ ▬ ▪ donne même lieu à trois autres que voici : ▬ , ▪ ▬ et ▬ ; cet inconvénient rend la lecture indéchiffrable et peut causer des erreurs regrettables. Il provient de l'hésitation que l'on éprouve presque toujours en passant de la barre au point. En pratiquant la méthode de manipulation qui vient d'être décrite, cette hésitation disparaît, car on utilise la barre qui surmonte le dernier chiffre d'une série pour reposer un instant la main et l'attention, avant de s'occuper de la série suivante en rapport avec le complément du signal, qui s'exécute alors avec une extrême facilité.

moins grands, qui peuvent les séparer, se régularisent facilement avec l'habitude ; tandis que si l'on apporte de la négligence dans la formation des signaux, il est presque impossible de s'en corriger plus tard.

La lecture ou la traduction des signaux Morse est d'autant plus facile que l'on connaît mieux la manipulation et que celle du correspondant est plus régulière ; il n'y a donc pas lieu de s'en occuper spécialement.

On peut cependant faire quelques traductions de signaux et réciproquement, convertir un texte ordinaire en signaux, sans toutefois perdre de vue la manipulation, qui est la chose fondamentale ; car ce n'est qu'en l'étudiant complètement qu'on arrive à lire les signaux au son, en écoutant le bruit cadencé que fait le levier d'un appareil en marche ; ce qui est indispensable pour reconnaître les indicatifs et les signaux de service que l'on échange habituellement sans faire dérouler le papier.

CINQUIÈME PARTIE.

Installation des postes. - Entretien des appareils. Dérangements.

68. *Installation des postes avec le télégraphe à cadran.* — Maintenant que nous connaissons les fonctions des appareils accessoires et spéciaux, nous pouvons examiner comment ils sont installés dans les postes.

La figure 47 représente l'installation d'un poste établi dans une station extrême avec un télégraphe à cadran. Les divers appareils, à l'exception du paratonnerre à pointes mobiles (55), [1] sont fixés sur une table de manipulation dans un certain ordre facile à reconnaître en suivant la marche du courant.

En effet, quand le poste dont il s'agit transmet (56) (60), le courant part du contact P pour aller au bouton

---

[1] Ce paratonnerre se place à l'arrivée du fil de ligne sur une tablette spéciale.

L du manipulateur ; et si le commutateur qui aboutit à ce bouton est tourné comme l'indique la figure, le courant continue son trajet en passant par le galvanomètre, le paratonnerre à bobine, le paratonnerre à pointes mobiles et la ligne, pour pénétrer dans le poste correspondant où il traverse les mêmes appareils que précédemment, mais dans l'ordre inverse ; et comme la manivelle du manipulateur doit être au repos sur la croix dans ce second poste, afin qu'il puisse recevoir la transmission, il en résulte que le courant une fois arrivé au bouton L, passe au contact R (56) et dans le récepteur qu'il fait fonctionner en se rendant à la terre.

Quand on s'écarte du poste, le bruit du récepteur n'étant plus suffisant pour appeler, on tourne le commutateur sur son bouton S, de manière que le courant du poste correspondant se dirige dans la sonnerie (52).

Il est évident que pour répondre à un appel ou pour correspondre, il faut tourner le commutateur comme l'indique la figure 47, c'est-à-dire de manière que le courant que l'on envoie parvienne à la ligne.

La figure 48 représente l'installation d'un poste à deux directions établi dans une station intermédiaire. Elle ne diffère de la précédente que dans l'addition des appareils accessoires de la seconde ligne, car il n'y a toujours qu'un seul manipulateur et un seul récepteur.

Voici du reste comment un seul employé suffit pour desservir ce poste : les commutateurs étant placés sur les sonneries, dès qu'un appel est fait, du côte gauche par exemple, l'employé ramène le commutateur gauche sur l'appareil récepteur, puis répond comme de coutume en donnant son indicatif, et la correspondance commence. Mais si, pendant qu'il est occupé, le côté droit appelle à son tour, il suspend alors son travail en prévenant par les deux lettres A Z (attendez) et tourne momentanément le commutateur de gauche sur sonnerie pour répondre du côté droit par le même signal d'attente, puis il replace ce dernier côté sur sonnerie, et reprend du côté gauche son travail interrompu.

Les choses se passent d'une manière analogue dans un poste qui a plus de deux directions; car il est facile de voir qu'en ajoutant autant de séries d'appareils accessoires que de fils de ligne nouveaux, le même manipulateur et le même récepteur permettront de correspondre alternativement et à volonté dans toutes les directions.

69. *Communication directe.* — Pour transmettre à une station plus éloignée que la station voisine, on demande la communication directe par le signal C D suivi de l'indicatif de la station avec laquelle on veut correspondre et du nombre de minutes que doit durer le travail. L'employé prévenu de cette demande, répond C O, et place immédiatement les deux commutateurs (fig. 48) sur le fil C D de communication directe. Les stations suivantes averties de la même manière font la même manœuvre qui se répète ainsi jusqu'à la station demandée.

Le temps de la communication directe étant écoulé, chaque station intermédiaire rentre à l'état ordinaire en se plaçant sur sonnerie [1].

---

[1] On emploie aussi dans les postes intermédiaires un manipulateur à cadran à commutateur, il ne diffère guère du manipulateur ordinaire que dans l'addition des commutateurs qui font alors partie de l'appareil au lieu d'en être séparés.

70. *Installation des postes avec le télégraphe Morse.* — Ce mode d'installation est semblable à celui adopté pour le télégraphe à cadran, les appareils accessoires y figurent dans le même ordre pour y remplir les mêmes fonctions; à l'exception toutefois d'un rouet fixé vers la gauche sur la table de manipulation.

Ce rouet est destiné à enrouler le papier à mesure que l'on écrit la traduction des signaux sur une feuille d'expédition de dépêche; de sorte que quand le papier du rouet placé au-dessus du récepteur est épuisé, il se trouve enroulé sur ce second rouet.

L'installation d'un poste à une direction est indiquée figure 49, et celle d'un poste à deux directions figure 50.

71. *Remarques sur la manière de procéder dans l'installation des postes.* — Dans les dessins d'installations que nous venons d'examiner, les appareils sont groupés sur la table de manipulation de manière à ne pas être déplacés, lorsqu'on veut transformer un poste à une direction en un poste à deux directions; de plus il n'y a qu'à changer le commutateur de place pour substituer le télégraphe Morse au télégraphe à cadran. La figure 47 indique comment on dispose le paratonnerre à bobine avec chevilles. Les figures 49 et 50 indiquent également comment on installe la sonnerie à trembleur à mouvement continu.

Les trois bornes M, I, P [1] qui restent libres dans les

---

[1] La borne M communique avec l'axe du levier du récepteur; la borne I avec l'arrêt supérieur et la borne P avec l'arrêt inférieur qui limitent le jeu de ce levier.

Ces deux derniers arrêts ou contacts, sont isolés l'un de l'autre par une rondelle d'ivoire.

Voir la partie supplémentaire pour l'emploi des bornes M, I, P.

récepteurs Morse n'ont guère d'emploi dans les postes secondaires habituellement reliés à de très-courtes lignes ; elles servent dans les postes plus importants pour établir la translation.

Les conducteurs fixés sur la table de manipulation sont des fils de cuivre de 1^{mil} $^1/_2$ de diamètre environ ; ils se terminent en boudins dans lesquels on puise en les déroulant pour allonger les fils dont les extrémités se coupent à la longue sous la pression des vis des appareils. Comme ces boudins se déforment très - difficilement et qu'ils ne s'appliquent pas entièrement sur la table de manipulation, on peut, sans crainte de mélanges, faire passer dessous d'autres fils qu'il importe de laisser apparents, et qu'on serait obligé de cacher sans cet expédient.

Le parcours des fils allant à la pile est habituellement caché ; celui du fil de ligne est apparent.

Ce fil arrive ordinairement par le haut d'une porte ou d'une fenêtre qu'il traverse, et descend jusqu'au paratonnerre à pointes mobiles pour s'y arrêter (53).

Le fil de terre est fixé aussi à découvert sur la table de manipulation, mais après l'avoir quittée, il est soudé à un faisceau de fils de fer de 3 ou 4^{mil} de diamètre, et se rend sous cette forme, dans un puits ou dans le sol, conformément aux indications données (17) pour mettre le conducteur du paratonnerre en communication avec la terre.

72. *Entretien des appareils.* — Cet entretien nécessite des soins fréquents. Il faut chaque jour enlever avec un morceau de peau la poussière et les taches qui se déposent ou se forment sur la partie extérieure des appareils. On

facilite la disparition des taches adhérentes en les couvrant d'un peu d'huile commune ou de graisse; mais il faut avoir soin de substituer l'alcool à un corps gras, quand on veut nettoyer les contacts des manipulateurs et des commutateurs qu'il suffit le plus souvent de frotter avec du papier ordinaire. On doit donc éviter absolument, l'emploi de papiers de verre ou d'émeri et de tout corps pulvérisé susceptible de détériorer les appareils.

Il faut éviter également de mettre de l'huile à l'axe du levier dans les manipulateurs; parce que cet axe livre passage au courant; lorsqu'on veut adoucir le jeu de ces appareils, on met seulement très-peu d'huile fine (d'horloger) à l'axe de la manivelle du manipulateur à cadran et sur l'extrémité du petit ressort qui soulève le levier du manipulateur Morse.

Les récepteurs doivent rester couverts de leur boîte ou de leur cage ainsi que les sonneries; on se borne à remonter les mouvements d'horlogerie quand cette opération est nécessaire.

La molette du récepteur Morse exige cependant un entretien spécial, car il faut empêcher l'encre de déssécher sur son contour. Pour cela, on l'essuie tous les jours avec un linge imprégné d'huile, en prenant les précautions nécessaires pour ne pas la fausser; et on renouvelle l'encre du tampon cylindrique en passant légèrement un pinceau imbibé d'encre oléïque sur le drap de ce tampon, de manière à ne pas trop le charger d'encre.

73. *Entretien de la pile.* — 1° Les éléments de la pile ne doivent communiquer que par les lames de cuivre

qui les réunissent : il faut donc éviter que les vases en verre se touchent et ménager entre eux un intervalle d'un centimètre au moins, en veillant à ce qu'ils ne soient point mouillés extérieurement.

2° L'eau ordinaire, ainsi que la dissolution de sulfate doivent monter à une hauteur un peu supérieure à celle du manchon en zinc. On maintient ces hauteurs toujours les mêmes en ajoutant chaque matin du liquide dans les vases qui n'en ont pas assez et en retirant avec une pipette le trop plein que d'autres peuvent présenter. Ces opérations doivent être faites avec les précautions nécessaires pour ne mouiller ni l'extérieur des verres, ni la planche à claire-voie sur laquelle ils reposent ; et en ayant soin de ne pas laisser tomber de dissolution dans les vases en verre.

3° On maintient la dissolution saturée en mettant, comme il a été dit (36), des morceaux de sulfate dans la cuvette de chaque élément.

4° La partie supérieure des vases poreux doit être essuyée tous les matins : ce soin est nécessaire, car du sulfate à l'état efflorescent ne tarde pas à en couvrir la paroi même extérieure et à pénétrer dans le vase en verre. Ce sulfate dissout alors par l'eau, est décomposé par le zinc dont il accélère la destruction sans profit pour le courant.

5° Une raison analogue doit faire retirer immédiatement du service les vases trop poreux : ce défaut se reconnait lorsque la dissolution se décolore promptement.

6° Les vases cessent au contraire d'être assez poreux quand le dépôt de cuivre y devient trop considérable. Il faut dans ce cas les retirer de la pile, mais les conserver à cause du métal qu'ils renferment.

7° Aux dépôts de cuivre, résultat de la décomposition du sulfate de cuivre, correspond une formation de sulfate de zinc sur la surface même des zincs (37). Quand la couche boueuse de cette substance devient épaisse, il est nécessaire de l'enlever en brossant et lavant les manchons de zinc.

8° Il arrive quelquefois que les lames de cuivre qui plongent dans les vases poreux se rompent au niveau du liquide. Il faut donc les inspecter souvent et les remplacer quand ce fait se présente.

9° Enfin, la pile doit être une fois par trimestre au moins l'objet d'un remaniement complet : il faut effectuer le lavage à la brosse des manchons en zinc, retirer du service ceux qui sont trop rongés, faire déposer l'eau des vases en verre pour n'en conserver que la partie limpide et agir de même pour les vases poreux, en ayant soin de retirer du dépôt les morceaux de cuivre ou de sulfate qui pourraient s'y trouver. On remonte ensuite la pile en utilisant les liquides conservés que l'on répartit également dans chaque élément, et les niveaux se complètent avec de l'eau dans les vases en verre et de la dissolution dans les vases poreux.

74. *Dérangements.* — Un dérangement a pour conséquence de nuire à la correspondance et même de l'interrompre. Il est donc important de le faire disparaître le plus promptement possible.

Nous savons que le galvanomètre (42) est employé pour reconnaître la présence du courant au moyen des déviations de son aiguille aimantée. Mais cet instrument facilite aussi la recherche des dérangements, et c'est dans ce double but que toutes les lignes en sont pourvues dans les postes.

Quand une ligne fonctionne régulièrement, la déviation du galvanomètre est sensiblement constante, ce qu'il importe d'observer chaque jour, car si une perturbation se manifeste, cette déviation se modifie aussitôt soit en augmentant, soit en diminuant, soit en cessant complètement. Dans tous les cas, il faut s'assurer que le dérangement n'existe pas dans le poste en procédant de la manière suivante :

On examine d'abord si les communications sont bien établies avec les commutateurs et si la bobine du paratonnerre sans pointes (54) est en bon état. On cherche ensuite s'il n'y a pas de mélanges ou de ruptures dans le trajet intérieur des fils ainsi que sur la table de manipulation, et on serre les vis qui arrêtent leurs extrémités. Ces précautions suffisent habituellement pour mettre sur la trace d'un dérangement de poste et permettent de le relever. Dans le cas contraire, on pratique une dernière opération qui consiste à enlever le bout du fil de ligne fixé au paratonnerre à pointes mobiles, pour y substituer l'extrémité d'un fil à expérience, recouvert de guttapercha, dont on amène l'autre extrémité au bouton L du manipulateur ; puis, on transmet lentement quelques signaux. Si ces signaux sont reproduits par le récepteur, on est certain que les vérifications précédentes ont été bien faites et que le dérangement n'est pas dans le poste.

C'est alors qu'il faut examiner le fil de terre ; s'il plonge dans un puits on doit faire en sorte que son extrémité soit immergée. Quand il s'enfonce dans le sol on humecte abondamment la terre qui l'entoure. Ces mesures sont surtout nécessaires dans la saison des chaleurs parce qu'à cette époque le niveau de l'eau s'abaisse dans les puits et le sol se dessèche.

Enfin, il faut avoir soin de visiter les abords de la station aux endroits où le fil de ligne est suspendu, et réparer, au moins provisoirement, tout ce qu'on pourrait rencontrer de défectueux dans la communication. Si on ne trouve rien d'anormal, on s'informe auprès des conducteurs de voitures publiques, des facteurs ruraux, etc. des accidents qu'ils auraient pu remarquer sur la ligne, et on fait parvenir à la station voisine, dans le plus bref délai, tous les renseignements recueillis ainsi que le résultat des vérifications qu'on a faites.

PARTIE SUPPLÉMENTAIRE.

Relais simple. - Relais double. - Translation. - Dérivations.-Transmission simultanée.- Rappel avec parleur à armature aimantée. - Pile à sulfate de mercure. - Notes sur les télégraphes Hughes et Caselli.

75. *Relais simple.* — Lorsque la distance qui sépare deux stations est très-considérable, au lieu d'augmenter la pile dans de fortes proportions à la station de départ, il est préférable d'employer un relais simple à la station d'arrivée.

Cet appareil, dont la marche exige un courant moins intense que celle du récepteur à cause de la simplicité de ses fonctions, se compose (fig. 51) d'un électro-aimant E agissant sur une petite armature x fixée à un levier très-léger a b. Quand l'armature est attirée, le levier ferme le circuit d'une pile locale en venant toucher le contact p.

Pour se servir du relais simple, on le substitue au récepteur dans le circuit de ligne et on place le récepteur en R dans le circuit local; de sorte que quand le courant de la station correspondante est envoyé, le relais en fonctionnant fait agir la pile locale sur le récepteur. Or, le courant de cette dernière pile n'ayant aucune résistance à vaincre pour arriver au récepteur, il le met en marche avec une grande facilité.

76. *Récepteur Morse à relais.* — Le relais simple n'est guère employé qu'avec le récepteur Morse auquel il est habituellement accolé pour former avec lui un seul appareil portant la dénomination de *Récepteur Morse à relais.* Les deux bornes L, T, de ce récepteur correspondent à l'électro-aimant du relais, et les bornes C, Z, aux pôles de la pile locale. La figure 52 représente l'installation de cet appareil dans un poste extrême [1].

77. *Relais double. - Translation.* — Le relais double est la réunion de deux relais simples au moyen de certaines communications que nous allons indiquer.

Cet appareil permet de correspondre entre deux stations quelle que soit la distance qui les sépare. A cet effet, on le place dans les stations intermédiaires où il opère la translation des signaux de la manière suivante: soit un relais double (fig. 53) installé à la station B, située entre les stations A et C. Quand A transmet, son courant va de la ligne A B, au levier $m'\,n'$, au contact i'

---

[1] Le récepteur Morse à relais n'étant employé que sur les longues lignes, la sonnerie fonctionnerait difficilement avec le courant du correspondant; c'est pourquoi on l'installe de manière qu'elle soit mise en marche par la pile du poste au moyen du récepteur qui fait alors l'office d'un relais de sonnerie.

pour se perdre à la terre en passant dans l'électro-aimant
E ; mais alors le levier $m\,n$ est attiré contre le contact p,
et le courant de la pile P de B est envoyé sur la ligne
B C, de sorte que le récepteur de C fonctionne avec cette
pile comme si le courant de A avait assez de force pour
agir directement.

Réciproquement, lorsque C veut parler à A, son
courant arrive dans l'autre électro-aimant E′ en suivant
un trajet analogue à celui qui vient d'être indiqué pour le
courant de A ; et il est facile de voir que quand le levier
$m'\,n'$ est attiré, la même pile P agit encore seule dans la
direction B A, pour faire marcher le récepteur de A [1].

En mettant un relais double en C au lieu d'un récepteur, et en prolongeant la ligne au delà jusqu'à une
nouvelle station D, les signaux de A arriveraient à D et
vice-versa par l'effet successif des translations de B et
de C.

On comprend donc aisément, qu'en échelonnant sur
différents points d'une même ligne le système des translations, on peut correspondre à des distances infinies.

78. *Translation appliquée au récepteur Morse avec ou
sans relais. — Manipulateur Morse à commutateur.* — La
grande analogie qui existe entre la disposition du relais
simple et celle du récepteur Morse, permet d'employer ce

---

[1] Quand les lignes A B et B C sont très-inégales de longueur, on
emploie deux piles à la station B ; ou bien, on divise la pile P en
deux parties qui soient en rapport avec les distances à franchir. En
plaçant, par exemple, un serre lame au trentième élément et un autre
au cinquantième, les fils aboutissant à ces serre-lames peuvent être
considérés, l'un comme le pôle positif d'une pile de trente éléments,
et l'autre d'une pile de cinquante.

dernier appareil pour opérer la translation. Dans ce cas, le poste intermédiaire est muni de deux récepteurs Morse accouplés comme l'indique la figure 54, et la communication par translation s'établit en tournant les deux commutateurs sur les fils aboutissant à la borne M de chaque récepteur [1].

La figure 55 représente une disposition plus simple à l'aide du manipulateur Morse à commutateur. Cet instrument est indiqué complètement figure 56 ; il ne diffère guère du manipulateur ordinaire que dans le contact de réception qui se trouve isolé du récepteur. Ce contact est soudé à une plaque en cuivre qui se projette en a et b, en regard de deux boutons de communication. On voit que si on place une cheville ou clef métallique $x\ y$, dans le trou a, le manipulateur fonctionnera comme un manipulateur ordinaire ; si au contraire on place cette clef dans le trou b, de manière à établir une communication avec le bouton de droite, on se trouvera dans la position de translation.

La translation avec deux récepteurs Morse sans relais ne diffère des dispositions précédentes que par la suppression de la pile locale et des bornes C, Z en rapport avec cette pile.

On peut remarquer que la translation au moyen du récepteur Morse produit au besoin une communication simultanée, car le levier faisant office de relais à la station intermédiaire imprime en même temps la dépêche si on

[1] Le fil C D, qui réunit les deux commutateurs, permet d'établir une communication directe quand la translation n'est pas indispensable.

laisse dérouler le papier. Mais la communication simultanée s'obtient plus simplement, ainsi que nous le verrons bientôt.

79. *Dérivations.* — Quand un circuit A B C D E (fig. 57) est traversé par un courant, si on établit en un point D, pris à volonté sur son trajet, une nouvelle communication à la terre D F, on dit qu'il y a dérivation. Dans ce cas, le courant se partage entre les deux fils D F, et D E, proportionnellement à leur conductibilité ; de sorte que, s'ils ne présentent pas plus de résistance l'un que l'autre, ils sont parcourus par deux courants dérivés égaux.

Cette loi s'applique à un nombre quelconque de dérivations, et la somme des intensités des courants dérivés est toujours égale à l'intensité du courant principal [1]. Mais il importe de remarquer que ce courant principal augmente lui-même d'intensité à mesure que l'on multiplie les fils de dérivation, puisque ces fils contribuent à diminuer la résistance totale du circuit ; cependant l'augmentation n'est pas proportionnelle au nombre de ces fils.

80. *Communication simultanée.* — Il y a plusieurs systèmes de communication simultanée, nous en examinerons seulement deux que l'on emploie généralement. L'un s'applique aux stations situées sur le trajet d'un seul fil de ligne ; l'autre est basé sur le principe des dérivations.

Dans le premier système (fig. 58) le fil de ligne part de la station A, traverse la station B en passant par le manipulateur et le récepteur, puis se prolonge

---

[1] Le courant principal est celui qui passe de A à D.

jusqu'à la station C. De cette manière lorsque A parle, B et C reçoivent en même temps. Si c'est C qui parle, les récepteurs de B et de A fonctionnent. Enfin, quand B transmet, les récepteurs de A et de C sont mis en marche à leur tour, puisque le circuit de la pile de B n'est alors fermé qu'au moyen de ces deux récepteurs.

Si au lieu d'une seule station intermédiaire B, il y en a plusieurs, la communication simultanée s'effectue de la même manière, seulement il faut avoir soin d'augmenter le nombre des éléments de chaque pile à mesure que l'on augmente celui des récepteurs, afin que la tension du courant soit toujours en rapport avec la résistance que ces appareils introduisent dans le circuit (46).

Le second système de communication simultanée est représenté (fig. 59), soit un fil de ligne $m\,n$ qui se bifurque au point o, dans la direction $o\,p$; si les longueurs $m\,o$, $o\,p$ et $o\,n$ sont sensiblement égales, on peut les considérer comme des fils de dérivation ayant même conductibilité (79). Or, ces conditions étant remplies et les fils $m\,o$, $o\,p$ et $o\,n$, aboutissant aux stations A, B, C, il en résulte que la communication simultanée existe entre ces stations, puisque quand l'une d'elles transmettra les deux autres recevront son courant avec une égale intensité.

D'autres stations R, S, etc., se rattachant au point o par des fils R o, S o, etc., à peu près égaux aux fils précédents, participeraient de même à la communication simultanée; cependant, quand le nombre des fils de dérivation augmente dans de grandes proportions, les courants dérivés deviennent de plus en plus faibles (79) et il est indispensable alors d'augmenter l'action des piles pour que les récepteurs puissent fonctionner. Dans ce cas ce n'est plus la tension du courant qui fait défaut, puisque la résistance totale du circuit diminue chaque fois que l'on ajoute un fil de dérivation. C'est la quantité d'électricité mise en mouvement qui est trop faible. Pour la rendre plus grande, il faut augmenter la surface des éléments de la pile. A cet effet, quand on n'a pas de gros éléments, on forme dans chaque station une ou plusieurs piles semblables à celle qui s'y trouve déjà, et on réunit toutes ces piles de manière que leurs pôles de même nom se communiquent. La pile unique qui en résulte, dégage 2, 3, 4, etc., fois plus d'électricité que la première, selon qu'elle se compose de 2, 3, 4, etc., piles simples.

La communication simultanée facilite la transmission des circulaires et dispense d'établir des communications directes, puisque l'indicatif de la station appelée se répète dans toutes les autres ; mais ce dernier avantage nécessite la présence continuelle de l'employé afin qu'il puisse répondre à son indicatif (66) ; de sorte que le mode de communication simultanée tel qu'il vient d'être décrit ne s'applique guère qu'aux stations où l'importance du travail oblige déjà l'employé à ne pas s'écarter de son poste.

C'est dans ces stations que se trouvent établis les bureaux de l'État desservis par les agents de l'administration télégraphique. Quant aux bureaux secondaires dont les employés ne sont pas aussi occupés, et s'éloignent momentanément de leur poste en se mettant sur sonnerie, on les établit en communication simultanée à l'aide de certaines combinaisons, et au moyen d'un parleur à armature aimantée que nous allons décrire.

81. *Parleur à armature aimantée.* — Cet appareil (fig. 60) est analogue à un relais simple dont l'armature est un aimant artificiel suspendu en A, ayant un pôle nord N et un pôle sud S. Pour que cette armature soit attirée, il faut que le courant passant dans l'électro-aimant ait un sens déterminé de manière à produire les pôles *s* et *n* en regard des pôles N et S (24). En changeant de sens, le courant peut traverser l'électro-aimant sans que l'armature se déplace (45) (elle ne pourrait reculer à cause du buttoir I).

Lorsque l'armature du parleur est attirée, elle vient toucher un contact P, aboutissant à la pile du poste, et le courant de cette pile arrive à une sonnerie qu'il fait fonctionner.

82. *Rappel avec parleur à armature aimantée.* — Ce système de rappel permet d'appliquer la communication simultanée aux bureaux secondaires de la manière suivante. Soit (fig. 61) un bureau de l'État E communiquant par dérivation à deux bureaux secondaires A et B, munis chacun d'un parleur dont les pôles des armatures sont disposés inversement, de manière que le parleur de A fonctionne seulement quand la ligne est en communication avec le pôle positif de la pile, tandis que celui de B ne marche au contraire que quand la ligne est en rapport avec le pôle négatif. Il en résultera que E, pourra rappeler A ou B et leur transmettre séparément selon qu'il se servira du courant positif ou du courant négatif.

De même, A pourra parler à B ou vice versa, et E recevra les signaux échangés dans la correspondance ; mais comme les bureaux de l'État ne sont pas sur sonnerie pendant les heures de service, l'employé de E ne répondra que s'il est appelé par son indicatif.

Il est facile de voir que si E avait à parler en même temps à A et à B il lui suffirait de les rappeler successivement ; ceux-ci mettraient alors la ligne en rapport avec le récepteur en tournant le commutateur convenablement, et recevraient la transmission comme dans le cas d'une communication simultanée par dérivation.

Enfin, en généralisant l'application du système de rappel qui vient d'être décrit, c'est-à-dire, en réunissant deux à deux les bureaux secondaires toutes les fois que les circonstances le permettent, pour les relier à une station de l'État, on peut, en utilisant les deux sens du courant, apporter une grande simplification dans le service de ces bureaux par la suppression des communications directes.

85. *Pile à sulfate de Mercure.* — M. Marié-Davy, professeur de physique à Paris, a imaginé, il y a quelques années, une nouvelle pile qui offre au moins autant d'avantages pour le service télégraphique que la pile Daniell, et dont l'énergie est plus forte de moitié.

Un élément de cette pile peut se former en substituant à la lame de cuivre de l'élément Daniell, une lame de charbon [1], et en remplaçant la dissolution de sulfate de cuivre contenue dans le vase poreux, par une pâte formée

---

[1] Espèce de graphite que l'on recueille dans les cornues des usines à gaz.

avec de l'eau et de la poudre de sulfate de protoxyde de mercure, le manchon de zinc continuant de plonger dans l'eau pure.

Quant aux pôles de la pile Marié-Davy, ils sont disposés comme dans la pile Daniell.

Pour obtenir toute la quantité d'électricité que peut fournir la pile Marié Davy, il faut que les vases en verre soient constamment pleins d'eau jusqu'au niveau du zinc. Dans la pratique, on maintient ce niveau à un demi-centimètre du bord supérieur du zinc. Il est indispensable de renouveler l'eau tous les trois mois, parce que le vase en verre n'en contient pas une quantité suffisante pour dissoudre le sulfate de zinc qui se produirait pendant un temps plus long. Si, malgré cette précaution, des efflorescences se formaient autour des vases en verre et surtout les réunissaient, il faudrait avoir soin de les enlever. On a constaté en effet, que ces efflorescences établissent parfois entre les éléments des communications telles, que le courant de la pile cesse entièrement. Les vases poreux ne doivent jamais toucher les manchons en zinc. Si ce contact existe sur quelques points, il se forme en ces points un courant local assez intense pour que le zinc s'use très-rapidement et se trouve même perforé. On évite ces accidents en intercalant de petites baguettes de verre entre les vases poreux et les zincs, dans les cas fort rares ou les dimensions relatives des diverses parties des éléments rendent cette mesure nécessaire.

Afin d'utiliser pour la pile Marié-Davy, les vases Daniell dont elle possède une grande quantité, l'administration a fait construire des zincs et charbon dont la queue en cuivre est assez longue pour qu'ils puissent être employés avec des vases en verre du modèle Daniell. Il serait donc inutile de renouveler tous les trois mois l'eau des piles montées dans ces conditions. Il suffirait probablement de la changer seulement en remontant à neuf les éléments, en ayant soin toutefois, de ne jamais faire monter le niveau de l'eau de manière que le zinc et le vase poreux se trouvent noyés, car il s'établirait alors dans chaque élément une série de courants intérieurs qui affaibliraient très-sensiblement celui de la pile, si même ils ne l'annulaient pas entièrement.

84. *Note sur le télégraphe Hughes*. — L'administration emploie depuis quelque temps un nouveau télégraphe dû à un second inventeur américain, M. Hughes. Ce télégraphe reproduit la dépêche en caractères d'imprimerie. Il est basé sur l'uniformité de vitesse de deux mouvements d'horlogerie réglés au moyen d'une lame vibrante. Les deux bureaux correspondants sont munis l'un et l'autre d'un de ces mouvements dont chacun fait tourner une roue portant en relief, sur son pourtour, les lettres de l'alphabet imprégnées d'encre de la même manière que la molette du récepteur Morse. Une bande de papier placée au-dessous de cette roue, que l'on appelle la roue des types, est soulevée contre une lettre par les effets combinés du mécanisme et d'un électro-aimant, toutes les fois que l'impression se produit. La transmission a lieu avec un clavier analogue à celui d'un piano, sur les touches duquel sont tracées les lettres; et c'est en appuyant sur la touche d'une lettre déterminée que cette même lettre s'imprime.

Afin de comprendre plus aisément les fonctions de ce télégraphe, trop compliqué pour que nous puissions en donner ici tous les détails, imaginons simplement la construction représentée figure 62.

Si on appuie sur les touches du clavier $x\,y$, pour transmettre par exemple, les lettres A, B, et C ; il se présente aussitôt trois saillies autour du cercle fixe $m\,n$, et une tige flexible $p\,q$ tournant avec l'axe de la roue des types $h\,o$, produit trois émissions de courant en passant sur ces saillies. Ce courant suit la direction des flèches et vient agir sur un électro-aimant E, pour soulever le papier contre la roue des types $h\,o$. Or, comme cette roue présente en face du papier la lettre A, au moment où la tige $p\,q$ rencontre la première saillie ; les lettres B et C, quand cette même tige arrive sur la deuxième et ensuite sur la troisième saillie, il en résulte que les trois lettres A, B et C, se trouvent imprimées.

Ceci se passe au bureau de départ, mais comme le courant qui vient de déterminer l'impression, continue son trajet sur la ligne, il arrive au bureau destinataire où la roue des types marche d'accord avec celle du premier appareil, de sorte que l'impression des mêmes lettres à lieu simultanément dans les deux bureaux. La même figure indique, du reste, le passage du courant au bureau d'arrivée en suivant les flèches en sens inverse ; seulement, comme le clavier de ce bureau est au repos, il n'existe pas de saillies autour du cercle métallique $m\,n$, pour empêcher la tige flexible $p\,q$, de glisser continuellement sur ce cercle en tournant ; et alors, le courant suit celle tige pour aller à la terre reliée au cercle *m n*. Le télégraphe Hughes offre un double avantage sur les précédents : d'abord par la rapidité de sa marche, qui permet de transmettre environ trente mots par minute, et ensuite, à cause de l'impression à chaque extrémité de la ligne, car on peut ainsi supprimer la copie expédiée au destinataire en lui envoyant la bande de papier imprimée dont un double reste au bureau de départ pour assurer le contrôle.

85. *Note sur le télégraphe Caselli.* — Ce télégraphe inventé par l'abbé Caselli de Florence a été adopté récemment par l'administration. Il reproduit les dépêches d'une manière autographique. Cet appareil est aussi très-compliqué ; il nous suffira d'en comprendre le principe, qui repose sur l'accord dans les oscillations de deux pendules réglés par un système chronométrique. Soit A B (fig. 65) un de ces pendules auquel s'articule un bras C D, portant un petit fil métallique. L'extrémité E, de ce fil, glisse sur un chariot M N O H, pendant que le pendule oscille entre les deux buttoirs R, S ; et chaque oscillation en se terminant, agit sur un mécanisme qui fait avancer le chariot de $^1/_4$ de ^{mil} environ ; de sorte qu'après un certain nombre d'oscillations, le bout du petit fil a parcouru la surface du chariot en suivant des directions équidistantes de $^1/_4$ de ^{mil}, parallèles au côté N O du chariot.

Cet effet ayant lieu au bureau de départ, se produit simultanément au bureau d'arrivée (fig. 64) en vertu du système chronométrique qui maintient d'accord, comme nous l'avons dit plus haut, les oscillations des deux pendules représentés, d'une part en A B (fig. 63), et d'autre part en *a b* (fig. 64). De sorte que les deux petits fils E et *e*, occupent à tous les instants des positions identiques sur chaque chariot. Ce qui précède une fois admis, et les deux chariots étant reliés à la terre par les fils X Y et *x y*; supposons qu'un papier argenté, sur lequel on a écrit une dépêche avec une encre isolante, soit fixé sur le premier chariot; et qu'un papier électro-chimique, qui se colore au passage du courant, soit placé sur le second chariot. Supposons en outre, qu'une pile P (fig. 63), communique à la terre par un de ses pôles, et que l'autre pôle soit en rapport avec la ligne en A. Le courant de cette pile se dérivera et passera presqu'en-tièrement dans le petit circuit A D C E X Y [1], toutes les fois que le fil E, glissera sur une partie argentée du papier; mais quand ce fil arrivera sur un endroit écrit, le circuit précédent sera coupé par l'interposition de l'encre isolante et le courant ira complètement sur la ligne, suivre un circuit beaucoup plus long *a d c e*; puis, il teindra en bleu le papier électro-chimique en le traver-sant pour aller à la terre par le fil *x y*, et cette trace bleue occupera sur ce papier, une position semblable à la trace écrite qui a coupé le petit circuit sur le papier argenté.

Or, comme le même effet aura lieu sur toute l'étendue des traces écrites, elles se trouveront reproduites en entier sur le papier électro-chimique par de petites

---

[1] Quand le courant dérive par le petit circuit, il n'en passe qu'une partie excessivement faible dans le grand circuit (79), incapable d'agir sur le papier électro-chimique.

háchures semblables à celles qui figurent dans le type d'écriture et de dessin représenté figure 65.

Le télégraphe Caselli simplifie considérablement le travail de l'employé, puisqu'il supprime à la fois la manipulation et les copies ; il faut seulement avoir soin d'écrire un peu gros pour que la reproduction soit bien lisible.

Table des Matières.

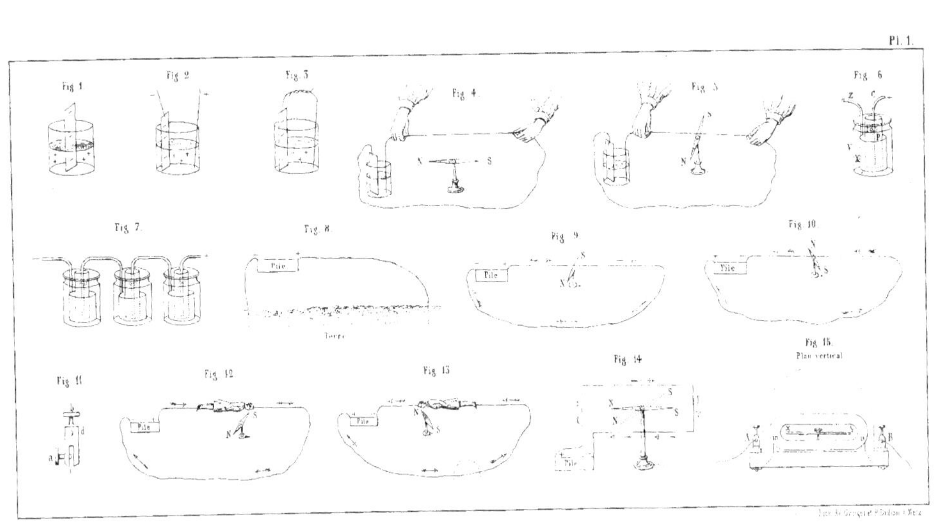

Fig 1
Fig 2
Fig 3
Fig 4
Fig 5
Fig 6
Fig 7.
Fig 8
Fig 9
Fig 10
Fig 11
Fig 12
Fig 13
Fig 14
Fig 15.
Plan vertical
Pile
N
S
Z
C
P
V
X

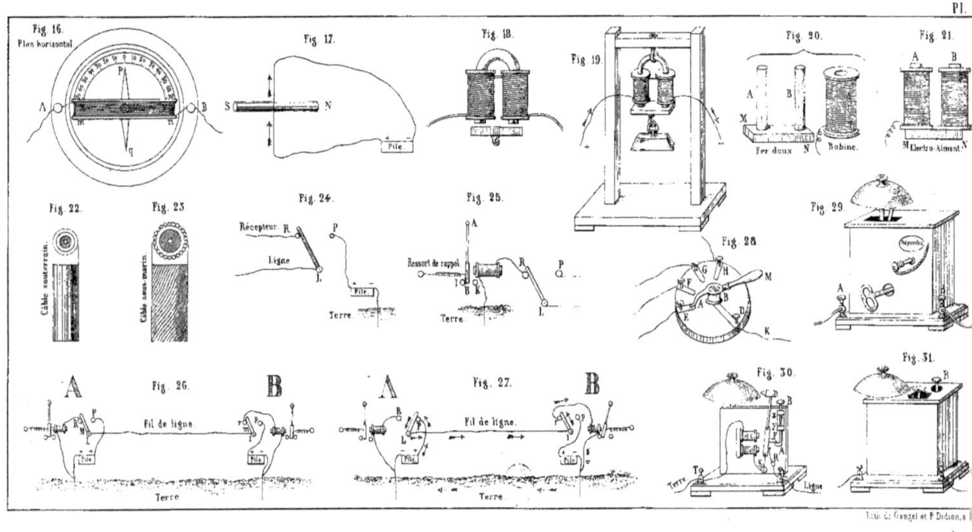
Fig. 16.
Plan horizontal.
A
B
P
q
Fig. 17.
S
N
Pile.
Fig. 18.
Fig. 19.
Fig. 20.
A
B
M
N
Fer doux.
Bobine.
Fig. 21.
A
B
M
Electro-Aimant.
Fig. 22.
Câble souterrain.
Fig. 23.
Câble sous-marin.
Fig. 24.
Récepteur. R
Ligne.
P
Pile.
Terre.
Fig. 25.
A
Ressort de rappel.
I
B
K
R
P
Terre.
L
Fig. 28.
F
G
H
M
E
A
B
D
K
Fig. 29.
Répondez.
A
Fig. 26.
A
B
P
R
M
Fil de ligne.
P
R
Pile.
Pile.
Terre.
Fig. 27.
A
B
R
L
Fil de ligne.
P
Pile.
Pile.
Terre.
Fig. 30.
B
T
R
Terre.
Ligne.
Fig. 31.
B

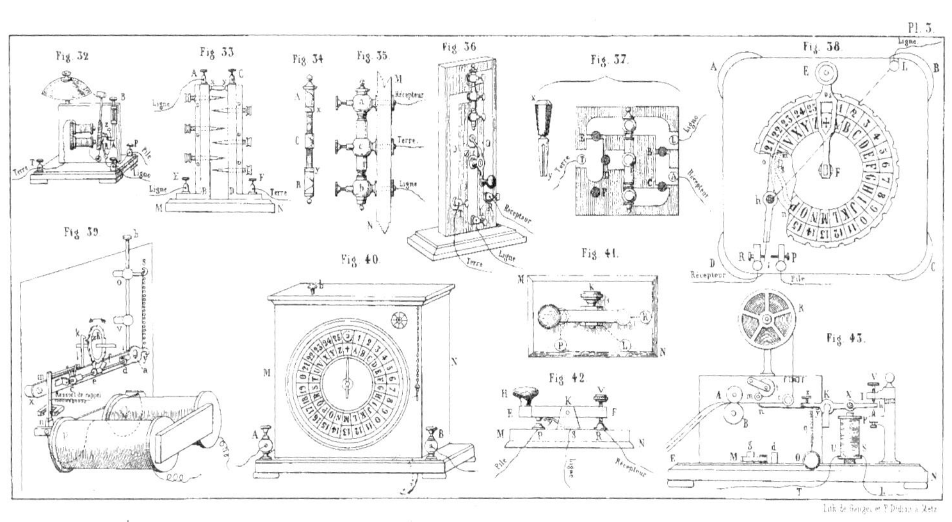

Fig. 32
Fig. 33
Fig. 34
Fig. 35
Fig. 36
Fig. 37
Fig. 38
Fig. 39
Fig. 40
Fig. 41
Fig. 42
Fig. 43

Pl. 4

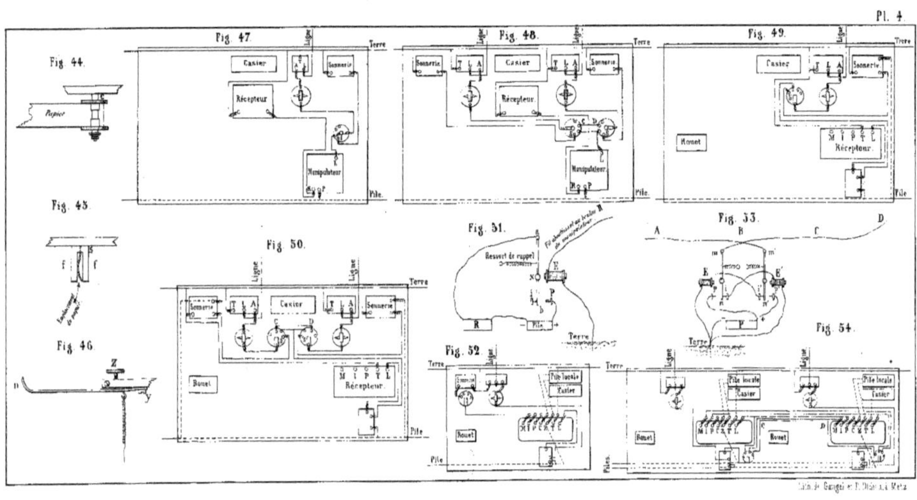
Fig. 44.
Fig. 45.
Fig. 46.
Fig. 47.
Fig. 48.
Fig. 49.
Fig. 50.
Fig. 51.
Fig. 52.
Fig. 53.
Fig. 54.
Casier
Récepteur
Manipulateur
Sonnerie
Ligne
Terre
Pile
Bouton
Pile locale
M I P T L
Ressort de rappel
Lith. de Gangel et P. Didion, à Metz

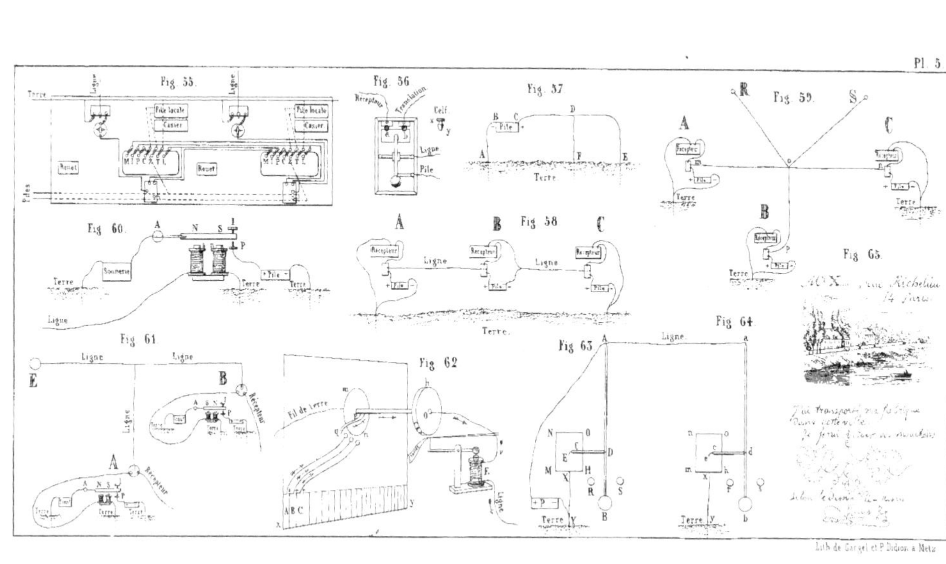

Pl. 5
Fig. 55.
Fig. 56
Fig. 57
Fig. 59
Fig. 58
Fig. 60.
Fig. 61
Fig. 62
Fig. 63
Fig. 64
Fig. 65
Terre
Ligne
Pile locale
Casier
Pile
Receveur
Recepteur
Pile
Lith. de Gangel et P. Didion à Metz